HISTOIRE DES PLANTES

MONOGRAPHIE

DES

CONIFÈRES

GNÉTACÉES, CYCADACÉES, ALISMACÉES

TRIURIDACÉES, TYPHACÉES

NAJADACÉES

ET

CENTROLÉPIDACÉES

PAR

H. BAILLON

PROFESSEUR D'HISTOIRE NATURELLE MÉDICALE A LA FACULTÉ DE MÉDECINE DE PARIS
DIRECTEUR DU JARDIN BOTANIQUE DE LA FACULTÉ, PRÉSIDENT DE LA SOCIÉTÉ LINNÉENNE DE PARIS

ILLUSTRÉE DE 221 FIGURES DANS LES TEXTES

DESSINS DE FAGUET

PARIS

LIBRAIRIE HACHETTE ET Cⁱᵉ

BOULEVARD SAINT-GERMAIN, 79

LONDRES, 18, KING WILLIAM STREET, STRAND

1892

HISTOIRE

DES PLANTES

—

TOME XII

15301. — Imprimeries réunies, rue Mignon, 2, Paris.

HISTOIRE
DES PLANTES

PAR

H. BAILLON

PROFESSEUR D'HISTOIRE NATURELLE MÉDICALE A LA FACULTÉ DE MÉDECINE DE PARIS
DIRECTEUR DU JARDIN BOTANIQUE DE LA FACULTÉ
PRÉSIDENT DE LA SOCIÉTÉ LINNÉENNE DE PARIS

TOME DOUZIÈME

CONIFÈRES, GNÉTACÉES, CYCADACÉES
ALISMACÉES, TRIURIDACÉES, TYPHACÉES, NAJADACÉES
CENTROLÉPIDACÉES, GRAMINÉES
CYPÉRACÉES, RESTIACÉES, ÉRIOCAULACÉES
LILIACÉES

Illustrée de 554 figures dans les textes

DESSINS DE FAGUET

PARIS

LIBRAIRIE HACHETTE & Cie

BOULEVARD SAINT-GERMAIN, 79

LONDRES, 18, KING WILLIAM STREET, STRAND

—

1894

HISTOIRE DES PLANTES

MONOGRAPHIE

DES

CONIFÈRES

GNÉTACÉES, CYCADACÉES, ALISMACÉES

TRIURIDACÉES, TYPHACÉES

NAJADACÉES

ET

CENTROLÉPIDACÉES

8759. — Imprimeries réunies, rue Mignon, 2, Paris.

HISTOIRE DES PLANTES

MONOGRAPHIE

DES

CONIFÈRES

GNÉTACÉES, CYCADACÉES, ALISMACÉES

TRIURIDACÉES, TYPHACÉES

NAJADACÉES

ET

CENTROLÉPIDACÉES

PAR

H. BAILLON

PROFESSEUR D'HISTOIRE NATURELLE MÉDICALE A LA FACULTÉ DE MÉDECINE DE PARIS
DIRECTEUR DU JARDIN BOTANIQUE DE LA FACULTÉ, PRÉSIDENT DE LA SOCIÉTÉ LINNÉENNE DE PARIS

ILLUSTRÉE DE 221 FIGURES DANS LES TEXTES

DESSINS DE FAGUET

PARIS

LIBRAIRIE HACHETTE & Cie

BOULEVARD SAINT-GERMAIN, 79

LONDRES, 18, KING WILLIAM STREET, STRAND

1892

CX

CONIFÈRES

I. SÉRIE DES IFS.

Les fleurs des Ifs (*Taxus*[1]) (fig. 1-9) sont dioïques et apérianthées. Les mâles sont formées d'un bouquet d'étamines supportées par

Taxus baccata.

Fig. 2. Fleurs mâles.

Fig. 5. Fleur femelle.

Fig. 3. Fleurs mâles épanouies.

Fig. 1. Rameau fructifère.

Fig. 6. Fleur femelle, coupe longitudinale.

Fig. 4. Étamine.

Fig. 7. Ovule.

Fig. 8. Fruit induvié.

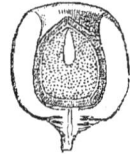

Fig. 9. Fruit induvié, coupe longitudinale.

un pied commun et représentant une sorte de tête globuleuse, au

1. T., *Inst.*, 589, t. 362. — L., *Gen.*, ed. I, n. 765; ed. VI, n. 1135. — J., *Gen.*, 412. — Gærtn., *Fruct.*, II, 65, t. 91. — Rich., in *Ann. Mus.*, XVI, 297; *Conif.*, 131, t. 2. — Nees, *Gen. Fl. germ.*, *Monochl.*, n. 14. — Turp., in *Dict. sc. nat.*, Atl., t. 306. — Endl., *Gen.*, n. 1799. — Payer, *Leç. Fam. nat.*, 57. — H. Bn, in *Adansonia*, I, 4, t. 2, fig. 12-15. — Parlat.,

nombre de quatre à une douzaine. Chaque anthère a la forme d'une tête de clou aplatie et polygonale, sous laquelle pendent de quatre à huit loges coniques, déhiscentes par leur bord interne[1]. Le pied de l'androcée est entouré d'un involucre obconique, formé d'un nombre variable de bractées imbriquées et d'autant plus grandes qu'elles sont plus intérieures. Les fleurs femelles (fig. 5, 6) sont ordinairement solitaires[2] au sommet d'un petit axe qui occupe l'aisselle d'une

Gingko biloba.

Fig. 10. Rameau florifère mâle.

Fig. 11. Rameau florifère femelle.

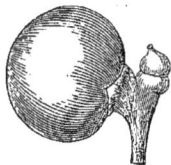

Fig. 12. Fruit frais.

Fig. 13. Fruit desséché.

Fig. 14. Noyau.

feuille. Il porte d'assez nombreuses bractées imbriquées-décussées. Avec les deux plus élevées alternent les deux feuilles carpellaires d'un ovaire libre, dont la cavité unique renferme un ovule orthotrope, basilaire, dressé, réduit au nucelle[3]. Les deux sommets de ces feuilles, indépendants dans une courte étendue, représentent un style fort réduit[4]. Autour de la base de l'ovaire se voit un disque membraneux,

in *DC. Prodr.*, XVI, II, 500. — B. H., *Gen.*, III, 431, n. 13. — STRASB., *Conif. u. Gnetac.*, t. d, 12.—CARR., *Conif.*, 729.—EICHL., *Pflanzenfam.*, Lief. 8, p. 112, fig. 71. — *Verataxus* NELS., *Pin.*, 168.

1. Après la déhiscence, la paroi se relève et s'étale. Le pollen est (H. MOHL) « sphérique, à membrane externe ponctuée, avec trois membranes ».

2. Une des bractées placées sous la fleur terminale peut avoir, dans son aisselle, une autre fleur femelle rudimentaire.

3. Son sommet présente des phytocystes lâches qui se désagrégeront pour former le départ de ce qu'on a nommé Chambre pollinique, surface inégale à laquelle viendront se fixer des grains de pollen.

4. C'est donc un ovaire acropylé.

cupuliforme, qui s'accroît, devient charnu, pulpeux et coloré autour
du fruit. Celui-ci est sec. Il renferme une graine dressée, à albumen
abondant, charnu, avec un embryon axile, dont la radicule supère fait
suite à un suspenseur plus ou moins long[1], et dont les deux cotylédons sont plus courts.

Il n'y a qu'une ou un petit nombre d'espèces[2] de ce genre. Ce sont
des arbres ou arbustes verts, à feuilles persistantes. Elles sont
alternes, étalées dans un ordre presque distique, très courtement
pétiolées, linéaires, plates ou falciformes. Les fleurs mâles sont axillaires, comme les femelles, subsessiles et ordinairement solitaires.
Les Ifs sont originaires, dans les deux
mondes, des régions tempérées de l'hémisphère boréal.

Podocarpus rhomboidalis.

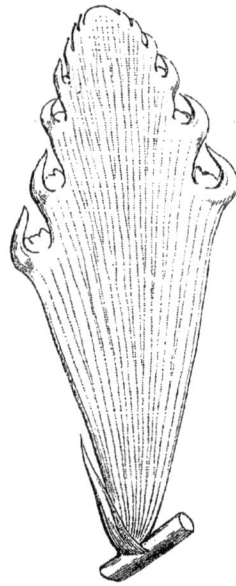

Les *Torreya*, de l'Amérique du Nord, de la
Chine et du Japon, ont des fleurs mâles dont
les loges pollinifères, au nombre de quatre,
sont rapprochées en un demi-anneau, et des
fleurs femelles dans lesquelles le disque, égal
d'abord au gynécée, s'accroît ensuite en sac
urcéolé, épais et charnu, qui enclôt complètement le fruit et lui est plus ou moins
adhérent. Le péricarpe est osseux; et la graine
albuminée est fortement ruminée.

Les *Cephalotaxus*, de la Chine et du Japon,
souvent rapportés à une autre division de
cette famille, ont des fleurs mâles nombreuses, en groupes de capitules globuleux,
axillaires. Leurs chatons femelles, souvent
ternés, ont un axe qui porte des bractées,
avec, dans l'aisselle de chacune d'elles, des
fleurs géminées, qui deviennent finalement de

Fig. 15. Cladode.

véritables drupes, car c'est la portion superficielle du péricarpe
qui y devient charnue.

Le *Ginkgo* (fig. 10-14), arbre chinois, a aussi des fruits réellement
drupacés, solitaires ou au nombre de deux au sommet d'un axe cylin-

1. Voy. B.-MIRB., in *C.-rend. Ac. sc.*, XVIII,
114.
2. WALL., *Tent. Fl. nepal.*, t. 44. — S. et
ZUCC., *Fl. jap.*, t. 128. — ZUCC., in *Abh. Bayer.
Acad. Münch.*, III, 803, t. 5. — NUTT., *N.-
amer. Sylv.*, t. 108. — S.-WATS., *Bot. Calif.*, II,
110. — WILLK. et LGE, *Prodr. Fl. hisp.*, I, 23. —
BRANDZ., *Prodr. Fl. rom.*, 431. — REICHB., *Ic.
Fl. germ.*, t. 538. — GREN. et GODR., *Fl. de Fr.*,
III, 159. — H. BN, *Herbor. paris.*, 76, c. ic.

drique et peu épais, qui occupe l'aisselle d'une large feuille en forme d'éventail. Les fleurs mâles sont disposées en longs chatons cylindriques, qui portent de nombreuses étamines à anthère biloculaire, surmontée d'un appendice du connectif.

Dans les *Podocarpus* (fig. 15), qui sont océaniens, les rameaux sont transformés en cladodes aplatis, comme ceux des *Xylophyllu;* et ils portent, au niveau de leurs coussinets marginaux, des feuilles réduites à une écaille dans l'aisselle de laquelle se trouve insérée la fleur femelle. Un disque cupuliforme accompagne la base du gynécée, et les anthères sont formées de deux loges contiguës.

II. SÉRIE DES CYPRÈS.

Les fleurs des Cyprès[1] (fig. 16-20) sont monoïques et nues. Les fleurs mâles consistent en étamines qui sont portées sur l'axe d'un

Cupressus sempervirens.

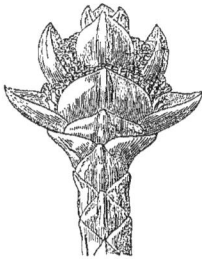

Fig. 19. Cyme femelle.

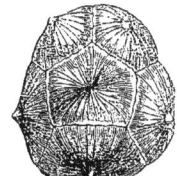

Fig. 16. Inflorescence femelle.

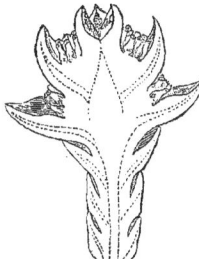

Fig. 17. Inflorescence femelle, coupe longitudinale.

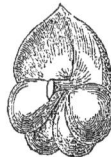

Fig. 18. Bractée staminale vue de face.

Fig. 20. Fruit composé.

chaton oblong ou cylindrique, subsessile au milieu des feuilles supérieures des rameaux. Ces étamines sont opposées et décussées, supportées par un filet court, avec une anthère biloculaire, que surmonte

1. *Cupressus* T., *Inst.*, 587, t. 358. — L., *Gen.*, ed. 1, n. 733; ed. VI, n. 1079. — J., *Gen.*, 413. — RICH., *Conif.*, t. 9. — NEES, *Gen. Fl. germ.*, Monochl., t. 10. — ENDL., *Gen.*, n. 1791; *Syn. Conif.*, 55. — HENK., *Nadelh.*, 230. — CARR., *Conif.*, ed. II, 143. — PAYER, *Leç. Fam. nat.*, 53. — H. BN, in *Adansonia*, I, 9, t. 2, fig. 18-21; V, 4, t. 1, fig. 1-12. — PARLAT., in *DC. Prodr.*, XVI, 11, 467. — STRASB., *Conif.*, 25, 228, t. 4. — B. H., *Gen.*, III, 427, n. 6. — EICHL., *Pflanzenfam.*, Lief. 8, p. 99, fig. 57, 58.

un appendice du connectif, en forme d'écaille orbiculaire ou ovale, plus ou moins nettement peltée, et en bas duquel s'insèrent de deux à six loges descendantes, polliniféres, déhiscentes en bas par deux valves[1]. Les fleurs femelles sont disposées en chatons globuleux ou ovoïdes. Leur axe porte des bractées opposées, disposées en séries, au nombre de trois à six. Celles de la série inférieure, et parfois celles de la supérieure, sont stériles; de sorte que les fertiles sont au nombre de quatre à six paires. Elles sont membraneuses, ovales; et dans leur aisselle se voit un épaississement plus ou moins prononcé de l'axe, sur lequel s'insèrent les fleurs femelles. Celles-ci sont nombreuses et disposées en cymes contractées, à évolution centrifuge.

Thuya occidentalis.

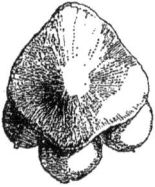

Fig. 22. Bractée staminale,   Fig. 21. Chaton mâle.   Fig. 23. Bractée staminale,
      vue de dos.   vue de face.

Chacune d'elles a la forme d'une petite gourde dressée, au fond de laquelle s'insère un ovule orthotrope et dressé, réduit au nucelle. Les groupes de fruits sont souvent à tort nommés Noix de Cyprès. Ce sont des cônes globuleux et ligneux, à écailles dilatées au sommet en tête peltée épaisse. Leur dos est souvent umboné ou courtement muriqué. Contiguës d'abord, elles s'écartent les unes des autres à la maturité, et laissent échapper les fruits véritables, oblongs, coriaces ou indurés, dilatés de chaque côté en aile étroite ou rarement large. La graine albuminée a un embryon à radicule supère; les cotylédons au nombre de deux, ou plus rarement de trois ou quatre.

On distingue une douzaine de Cyprès[2]. Ce sont des arbres ou

1. Le pollen est (H. Mohl) construit sur le même plan que celui des Ifs.
. 2. Pall., *Fl. ross.*, t. 53. — Lhér., *Stirp. nov*, t. 8. — Lamb., *Pin.*, t. 2; *ed. min.*, t. 65. — Forbes, *Pin. woburn.*, t. 61, 62. — Reichb.,

Ic. Fl. germ., t. 534. — Wats., *Dendrol. brit.*, t. 155. — Spach, *Suit. à Buff.*, XI, 323. — C. Gay, *Fl. chil.*, V, 409. — S.-Wats., *Bot. Calif.*, II, 113. — Boiss., *Fl. or.*, V, 704 (*Biota*).— Villk. et Lge, *Prodr. Fl. hisp.*, I, 20.

arbustes, toujours verts, de l'Europe austro-orientale, l'Asie tempérée, l'Amérique du Nord. Leurs feuilles sont ordinairement petites,
squamiformes, décurrentes-adnées, apprimées ou légèrement étalées
au sommet, imbriquées-décussées. Plus rarement, elles sont subulées,
ou bien aciculaires, étalées.

Les *Thuya* (fig. 21-28) sont extrêmement voisins des Cyprès. Ils ont
le plus souvent seulement deux fleurs femelles dressées dans l'aisselle
de chaque bractée, et des cônes ovoïdes ou oblongs, avec une, deux
ou trois paires d'écailles; la supérieure et l'inférieure d'ordinaire

Thuya occidentalis.

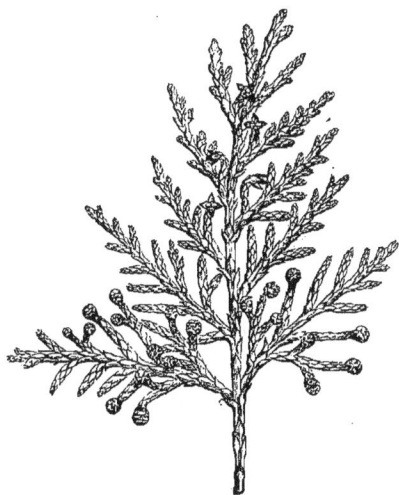

Fig. 25. Cône
déhiscent.

Fig. 26. Bractée
fructifère.

Fig. 24. Branche florifère.

Fig. 27. Fruit.

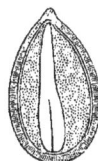

Fig. 28. Fruit, coupe
longitudinale.

stériles. Les fruits sont ailés ou non. Ils sont asiatiques, océaniens
et de l'Amérique du Nord.

Les *Fitzroya*, qui sont chiliens et tasmaniens, ont des cônes à deux
ou trois bractées fertiles, valvaires et unisériées, et des bractées stériles inférieures, uni- ou bisériées. Chacune d'elles a dans son aisselle
deux ou trois fruits bi- ou triailés.

Dans les *Callitris* (fig. 29, 30), qui sont africains, malgaches et
océaniens, les bractées du cône sont toutes fertiles, au nombre de
quatre à huit, ordinairement bisériées. Elles sont valvaires, puis
s'écartent les unes des autres, et leur dos est nu.

Dans les *Actinostrobus*, arbustes australiens, il y a six bractées au cône, et elles sont d'ordinaire bisériées. Chacune d'elles est pourvue sur le dos de squames extérieures vides, bisériées et apprimées.

Callitris quadrivalvis.

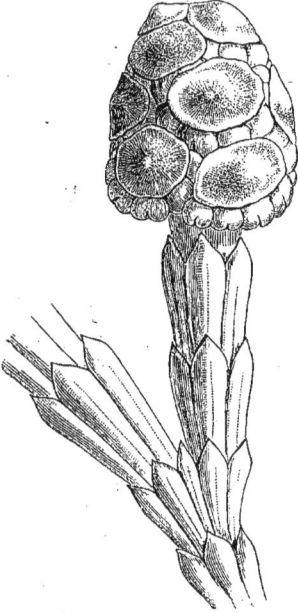

Les *Taxodium* ont parfois donné leur nom à une tribu (*Taxodiées*), parce que leurs fleurs femelles sont disposées, sur l'axe du chaton, dans l'ordre spiral, de même que leurs feuilles, insérées aussi en spirale et parfois étalées dans l'ordre distique. L'aisselle de leurs bractées est aussi occupée par un épaississement de nature axile, qui supporte de deux à six fleurs femelles dressées ou parfois même obliques. Les autres caractères sont d'ailleurs ceux des Cupressées parmi lesquelles *Callitris rhomboidea*. nous rangeons les Taxodiées. Elles y constituent pour nous une sous-série distincte, avec les *Cryptomeria*. Les *Taxodium*, qui sont américains, ont deux fleurs femelles dans

Fig. 29. Inflorescence mâle.

Fig. 30. Cône.

chaque aisselle. Les *Cryptomeria*, qui sont chinois et japonais, en ont de deux à six, et les écailles de leurs cônes sont échinées.

III. SÉRIE DES GENÉVRIERS.

Les Genévriers[1] (fig. 31-42) ont des fleurs unisexuées, monoïques ou dioïques. Les mâles, représentées chacune par une étamine, sont insérées sur un petit axe sessile ou courtement stipité. Les anthères, supportées par un filet court, parfois grêle, sont opposées, verticillées

1. *Juniperus* T., *Inst.*, 588, t. 361. — L., *Gen.*, ed. I, n. 764; ed. VI, n. 1134. — J., *Gen.*, 413. — ENDL., *Gen.*, n. 1789 ; *Syn. Conif.*, 8. — PAYER, *Leç. Fam. nat.*, 54. — H. BN, in *Adansonia*, V, 4. — B. H., *Gen.*, III, 427, n. 7. — CARR., *Conif.*, 7. — STRASB., *Conif.*, t. 3, 9-11. — EICHL., *Pflan-* *zenfam.*, Lief. 8, p. 101, fig. 60, 61. — *Arceuthos* ANT. et KOTSCH., in *Œstr. Bot. Wochenbl.* (1854), 239. — *Thuiacarpus* TRAUTV., *Im. pl. ross.*, 11, t. 6. — *Sabina* HALL., in *Rupp. Fl. jen.*, 336. — *Oxycedrus* SPACH, in *Ann. sc. nat.*, sér. 2, XVI, 288; *Suit. à Buff.*, XI, 307 (sect.).

par trois ou disposées dans l'ordre spiral. Leur connectif est surmonté d'une lame appendiculaire squamiforme, ovale ou peltée ; et leurs loges, dont le nombre varie de deux à six, sont cachées sous le bord inférieur de l'appendice, ou proéminent en arrière, et s'ouvrent par deux valves[1]. Les fleurs femelles sont disposées au sommet d'axes particuliers qui portent à ce niveau deux ou trois séries alternantes de bractées florales opposées ou verticillées par trois. Dans l'aisselle des

Juniperus communis.

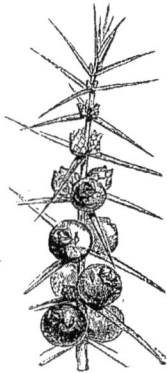

Fig. 33. Bractée staminale vue de face.

Fig. 35. Inflorescence femelle.

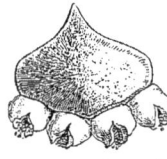

Fig. 31. Branche fructifère.

Fig. 32. Inflorescence mâle.

Fig. 34. Bractée staminale vue de dos.

Fig. 36. Inflorescence femelle ; les bractées inférieures enlevées.

Fig. 37. Inflorescence femelle, coupe longitudinale.

Fig. 38. Cône.

Fig. 39. Cône, coupe longitudinale.

Fig. 40. Fruit.

pièces des deux séries intérieures ou d'une seule d'entre elles, les gynécées, solitaires ou géminés, sont insérés sur un léger épaississement de l'axe et dressés. Leur ovaire, uniloculaire et uniovulé, est semblable à celui des Ifs, et il s'atténue supérieurement en un style creux dont le sommet, plus ou moins récurvé, est partagé en deux lèvres, antérieure et postérieure, plus ou moins inégales. Les fruits sont secs, coriaces ou osseux. Ils sont rarement exserts à leurs bractées axillaires. Mais plus ordinairement, celles-ci s'accroissent et

1. Le pollen (H. MOHL) est aussi construit sur le même type que celui des Ifs et des Cyprès.

se rapprochent autour d'eux, en les enveloppant complètement. Elles deviennent fibreuses ou plus souvent charnues et succulentes, et forment par leur rapprochement une prétendue baie, dont l'extérieur est lisse ou chargé des saillies qui représentent les bords et les sommets des bractées. Par leur rapprochement les péricarpes simulent souvent un noyau à plusieurs loges. Les graines dressées ont un tégument mince et un albumen charnu, contenant un embryon axile, albuminé, à radicule supère et à cotylédons inférieurs, dont le nombre varie de deux à cinq.

On distingue environ vingt-cinq espèces[1] de ce genre. Ce sont des

Juniperus Sabina.

Juniperus virginiana.

Fig. 41. Branche fructifère.

Fig. 42. Branche fructifère.

arbres ou des arbustes odorants, des régions tempérées et froides des deux mondes, ou des montagnes de la zone tropicale. Leurs petites feuilles, opposées ou verticillées par trois, sont étalées, linéaires-

1. PALL., *Fl. ross.*, t. 54-57. — L.-C. RICH., *Conif.*, t. 5. — NEES, *Gen., Fl. germ., Monochl.*, n. 12. — GUSS., *Pl. rar.*, t. 62. — VIS., *Ill. pl.*, in *Mem. Ist. venet.*, VI, t. 1*, 1**. — HOOK., *Lond. Journ.*, II, t. 1. — FORB., *Pin. woburn.*, t. 64, 65. — TEN., *Fl. nap.*, t. 247. — SIEB. et ZUCC., *Fl. jap.*, t. 125. — NEWB., *Bot. Williams. Exped.*, t. 10. — MOGG., *Fl. Ment.*, t. 65. — ANDR., *Bot. Rep.*, t. 534. — WEBB, *Phyt. canar.*, t. 217. — LABILL., *Dec. pl. syr.*, II, t. 8. — BOISS., *Fl. or.*, V, 705. — REICHB., *Ic. Fl. germ.*, t. 535-537. — FR. et SAV., *En. pl. jap.*, I, 471. — S.-WATS., *Bot. Calif.*, II, 112; *Bot. 40th Parall.*, 335. — WILLK. et LGE, *Prodr Fl. hisp.*, I, 21. — BRANDZ., *Prodr. Fl. rom.* 432. — GREN. et GODR., *Fl. de Fr.*, III, 157.

aciculaires ou adnées-décurrentes. Leurs inflorescences terminent les
rameaux ou de très courts axes axillaires, dont le nombre de feuilles
est très réduit. Les chatons mâles sont solitaires ou rapprochés en
une sorte de capitule, au nombre de trois à six.

IV. SÉRIE DES ATHROTAXIS.

Les fleurs monoïques des *Athrotaxis*[1] (fig. 43-45) rappellent beaucoup celles des Cupressées-Taxodiées. Mais ici les femelles sont renversées. Dans les mâles, il y a une courte colonne subsessile, qui
porte des étamines rapprochées dans l'ordre spiral, avec un filet

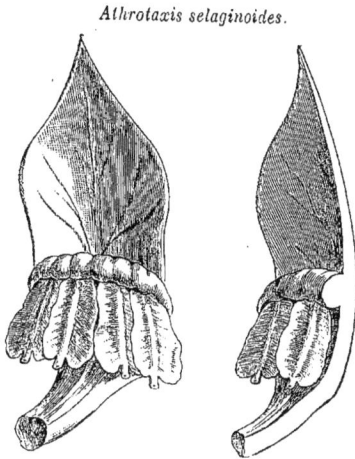

Athrotaxis selaginoides.

grêle et une dilatation ovale du
connectif, de laquelle pendent de
deux à six loges d'anthère, qui
s'ouvrent en arrière par des fentes
longitudinales. Dans les chatons
femelles, l'axe porte des bractées
imbriquées dans l'ordre spiral.
Chacune d'elles a dans son aisselle un axe secondaire, en forme
d'écaille aplatie, qui est entraîné
avec sa bractée axillante et qui
finit par devenir de même longueur qu'elle. Vers le milieu de
sa hauteur, cette écaille porte une
crête arquée et transversale, sur
laquelle s'attachent les fleurs
femelles. Elles sont au nombre
de trois à six, et descendantes.

Fig. 43. Bractée et écaille
florifère femelles,
face ventrale.

Fig. 44. Bractée
et écaille florifère
femelles,
coupe longitudinale

Ce sont autant de gourdes, représentant des ovaires à ouverture
apicale, avec un ovule basilaire et orthotrope, dont le sommet et la
chambre pollinique regardent plus ou moins directement en bas. Le
fruit est sphérique, ovoïde ou oblong, chargé d'écailles ligneuses
dont l'origine est double, ainsi que nous l'avons dit; de façon que

1. G. Don, in *Trans. Linn. Soc.*, XVIII, 171,
t. 14, 13; in *Ann. sc. nat.*, sér. 2, XII, 237. —
B. H., *Gen.*, III, 430, n. 11. — *Arthrotaxis*
Endl., *Gen.*, Suppl., I, n. 1796¹; II, n. 1798 *b*;
IV, n. 1807; *Syn. Conif.*, 193. — Carr.,
Conif., éd. II, 203. — Parlat., in *DC. Prodr.*,
XVI, I, 433. — Eichl., *Pflanzenfam.*, *Lief.* 4,
p. 89, fig. 45.

leur portion la plus dure est plus ou moins profondément bifurquée (fig. 45). Dans les vrais *Athrotaxis*, qui sont océaniens, le sommet de ces écailles est umboné ou mucroné, tandis que dans ceux de Californie qu'on a nommés *Sequoia*[1], il est le plus souvent dilaté en disque déprimé ou beaucoup plus obtusément mucroné; mais ce ne saurait être là un caractère générique différentiel. Les fruits, plus ou moins renversés, sont secs, comprimés ou légèrement ailés sur les bords, avec une graine orthotrope, albuminée et un embryon ordinairement à deux cotylédons.

Athrotaxis (Sequoia) gigantea.

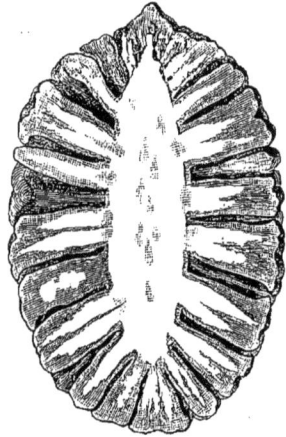

Ainsi compris, le genre *Athrotaxis* renferme cinq espèces[2]. Ce sont des arbres verts, élevés ou souvent gigantesques, très ramifiés. Leurs feuilles sont alternes, souvent courtes, parfois étalées dans un ordre subdistique. Les inflorescences mâles sont solitaires au sommet des rameaux ou dans l'aisselle des feuilles supérieures. Les chatons femelles sont terminaux.

A côté des *Athrotaxis* se rangent les *Belis* et *Sciadopitys*, qui ont aussi, l'un et l'autre, les fleurs femelles renversées.

Fig. 45. Cône, coupe longitudinale.

Le premier, qui est de la Chine et du Japon, a des anthères à deux, trois ou quatre loges, une écaille courte et trois fleurs femelles qui deviennent des fruits entourés d'une aile étroite. Le dernier, arbre japonais, a des feuilles courtes, avec des phyllodes axillaires, allongés et foliiformes, subverticillés comme les feuilles. Ses anthères ont deux loges, et ses fleurs femelles sont, à chaque écaille, au nombre de sept ou huit.

1. ENDL., *Syn. Conif.*, 197. — PARLAT., in *DC. Prodr.*, XVI, II, 435. — CARR., *Conif.*, 209, 226. — STRASB., *Conif.*, 46. — B. H., *Gen.*, III, 430, n. 10. — EICHL., *loc. cit.*, 85, fig. 43, 44. — *Wellingtonia* LINDL., in *Gardn. Chron.* (1853), 823. — *Washingtonia* WINSL., ex *Hook. Kew Journ.*, VII, 29. — *Gigantabies* NELS., *Pin.*, 77.

2. LAMB., *Pin.*, ed. min., t. 64 (*Taxodium*). — HOOK., *Icon.*, t. 559, 573, 574 (*Arthrotaxis*). — BENTH., *Fl. austral.*, VI, 241 (*Arthrotaxis*). — DCNE, in *Rev. hort.*, sér. 4, IV, 10, 11, fig. 1, 2 (*Sequoia*) — *Bot. Mag.*, t. 4777, 4778 (*Sequoia*). — S.-WATS., *Bot. Calif.*, II, 116 (*Sequoia*). — *Fl. serr.*, t. 892, 893 (*Sequoia*).

V. SÉRIE DES NAGEIA.

Les *Nageia*[1], plus connus sous le nom de *Podocarpus*[2] (fig. 46-50), ont des fleurs monoïques ou dioïques. Les mâles, représentées chacune par une étamine, sont réunies en un chaton cylindrique, plus ou moins allongé, et rapprochées dans l'ordre spiral. L'anthère est sessile ou à peu près, avec deux loges parallèles adnées, déhiscentes longitudinalement en dehors ou sur les bords; et le connectif se prolonge au-dessus des loges en un appendice court et aigu, ou allongé, droit ou arqué. Les fleurs femelles sont assez souvent au nombre de

Nageia chilina.

Nageia chinensis.

Fig. 46.
Inflorescence mâle.

Fig. 47. Portion d'inflorescence mâle, plus grossie.

Fig. 49. Fruit.

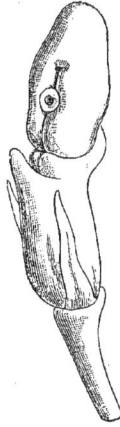

Fig. 48. Fleur femelle.

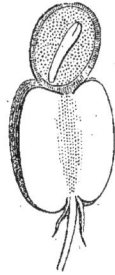

Fig. 50. Fruit, coupe longitudinale.

deux, sur un axe inséré dans l'aisselle d'une feuille, arrondi et plus ou moins allongé en bas, dilaté et épaissi dans sa portion supérieure qui porte plusieurs bractées au-dessous des fleurs. Plus souvent encore une de celles-ci se développe seule. Elle se compose d'un ovaire[3] renversé, analogue d'ailleurs à celui des autres Conifères, et d'un ovule intérieur, basilaire et atrope. Autour de l'ovaire se trouve

---

1. GÆRTN., *Fruct.*, I, 191, t. 39, fig. 8 (1788).— O. K., *Revis.*, 798. —*Nagi* KÆMPF., *Amœn.*, 773.
2. LHÉR. — H. B. K., *Nov. gen. et spec.*, II, 2, t. 97. — RICH., *Conif.*, t. 1, 29. — ENDL., *Gen.*, n. 1800. — SPACH, *Suit. à Buff.*, XI, 437. — PAYER, *Leç. Fam. nat.*, 59. — H. BN, in *C. rend. Ass. fr. av. sc.* (1873), 505, t. 8, fig. 1-16. — CARR., *Conif.*, 643. — PARLAT., in

DC. Prodr., XVI, 11, 507. — STRASB., *Conif.*, 19, 227, t. 2. — B. H., *Gen.*, III, 434, n. 21. — EICHL., *loc. cit.*, 104, fig. 63-65.
3. Il se montre, à ses débuts, sous forme d'un bourrelet circulaire continu, c'est-à-dire à la façon d'un tégument ovulaire, mais aussi comme celui des Santals, des *Samolus*, etc.

un sac plus ou moins épais, qui l'enveloppe tout entier, ne laissant sortir par son ouverture que le sommet du style, et qui a souvent été lui-même considéré comme un sac ovarien renversé[1]. Le fruit est également entouré de ce sac, sec ou plus ou moins charnu. Il est renversé aussi, monosperme, à graine albuminée, avec un embryon axile, étroit, charnu, dont les deux cotylédons regardent en haut, et la radicule en bas. Ce sont, au nombre d'une quarantaine[2], des arbres et des arbustes toujours verts, des régions tempérées de l'Asie et de l'Amérique. Leurs feuilles sont alternes, étroites et allongées. Leurs chatons mâles sont presque sessiles dans les aisselles supérieures et accompagnés à leur base d'un nombre variable de bractées. Leurs pédoncules femelles sont terminaux, solitaires ou en petit nombre[3].

Dacrydium araucarioides.

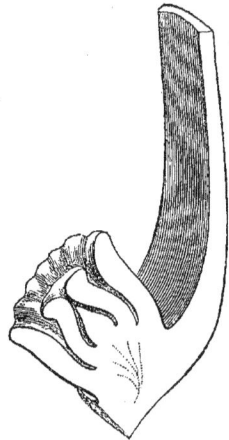

Fig. 51. Fleur femelle, coupe longitudinale.

Les *Dacrydium* (fig. 51) sont fort peu différents des *Nageia*. L'enveloppe de l'ovaire et du fruit y est moins développée, avec une ouverture plus large et souvent plus irrégulière, et le fruit sec est finalement redressé ; son sommet tourné en haut, de même que celui de la graine.

Le *Saxegothea*, du Chili, est aussi un genre voisin, à chaton mâle presque globuleux, avec quelques bractées imbriquées à sa base ; la fleur femelle supportée par une lame charnue, adnée à la bractée et finalement très accrue. L'ensemble des fruits est chargé de saillies qui répondent aux sommets des bractées.

Le *Microcachrys*, de Tasmanie, est aussi très voisin des *Nageia*. Ses petits chatons femelles ont des bractées à peu près hémisphé-

---

1. Son origine est double, bilatérale.
2. BL., *Rumphia*, III, t. 170-173. — A. RICH., *Fl. N. Zel.*, t. 39. — HOOK., in *Lond. Journ.*, I, t. 19-23 ; *Icon.*, t. 54, 142, 582, 624. — S. et ZUCC., *Fl. jap.*, t. 133, 134, 535. — SEEM., *Fl. vit.*, t. 77. — EICHL., in *Mart. Fl. bras.*, IV, I, t. 113-115. — F. MUELL., *Fragm.*, IV, t. 31. — BEDD., *Fl. sylv.*, t. 257. — AD. BR. et GR., in *N. Arch. Mus.*, IV, t. 3 (*Dacrydium*). — BOER, *Conif. Arch. ind.*, t. 1-3. — FR. et SAV., *En. pl. jap.*, I, 474. — BENTH., *Fl. austral.*, VI, 246. — C. GAY, *Fl. chil.*, V, 401. — SAUV., *Fl. cub.*, 151. — BECC., *Males.*, I, 178. — *Bot. Mag.*, t. 4655 (omn. sub *Podocarpo*).

3. Dans les *Stachycarpus* (ENDL., *Syn. Conif.*, 218), dont on a eu raison, dans la plupart des ouvrages classiques, de ne faire qu'une section de ce genre, les feuilles, linéaires et petites, sont presque distiques. Les chatons mâles sont disposés en une sorte d'épi, et les bractées qui accompagnent en petit nombre la fleur femelle sont à peine charnues (B. H.). Ce sont deux espèces de la Nouvelle-Zélande, avec une du Chili. Cette dernière, le *Prumnopitys* PHIL., in *Linnœa*, XXX, 731, a également été élevée au rang de ce genre, comme les *Stachycarpus* (V. TIEGH., in *Bull. Soc. bot. Fr.*, XXXVIII, 3).

riques, qui deviennent pulpeuses et en haut desquelles s'attache une fleur femelle renversée, entourée à sa base d'un disque irrégulier. Les feuilles sont ici opposées, décussées et imbriquées.

VI. SÉRIE DES ARAUCARIA.

Les fleurs des *Araucaria*[1] (fig. 52, 53) sont unisexuées, dioïques ou parfois monoïques. Les mâles sont représentées par des étamines groupées en une longue colonne cylindrique, avec des filets un peu rigides et des anthères rapprochées en spirale serrée. Les loges sont, au nombre de six à huit, pendantes du sommet du filet. Elles sont étroites, linéaires, et s'ouvrent en dedans par une fente longitudinale. Au-dessus d'elles, le connectif se dilate en une lame squamiforme et infléchie. Les fleurs femelles sont rassemblées en chatons à peu près sphériques ou ovoïdes. Leur axe rigide porte de nombreuses bractées imbriquées dans l'ordre spiral, à sommet ordinairement aigu ou acuminé. En dedans de chacune d'elles se trouve un épaississement axile, entraîné avec elles et qui porte, au-dessous de son sommet obtus ou aigu, une seule fleur femelle renversée. Celle-ci consiste en un sac ovarien, surmonté d'un court style creux et renfermant un ovule basilaire et orthotrope. Les fruits sont rapprochés en cônes, souvent volumineux, et dont les appendices sont indurés au sommet et amincis ou dilatés en ailes sur les bords. A leur face interne adhère le fruit sec, renversé, dont la cavité renferme une graine à albumen charnu, souvent peu épais, entourant un embryon axile, dont les cotylédons sont au nombre de deux, trois ou quatre. On distingue une dizaine

Araucaria imbricata.

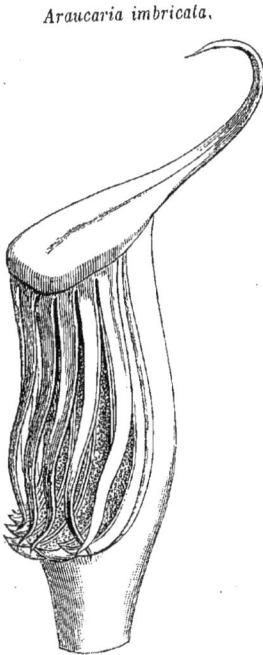

Fig. 52. Bractée staminifère.

---

1. J., *Gen.*, 413. — Rich., in *Mém. Mus.*, XVI, 298; *Conif.*, t. 20, 21. — Endl., *Gen.*, n. 1800. — Parlat., in *DC. Prodr.*, XVI, II, 369. — H. Bn, in *Adansonia*, V, 14, t. 1, fig. 26. — Payer, *Leç. Fam. nat*, 57. — Carr., *Conif.*, éd. II, 595. — Strasb., *Conif.*, 60, t. 7, 23. — B. H., *Gen.*, III, 437, n. 21. — Eichl., *loc. cit.*, 67, fig. 26, 27. — *Dombeya* Lamk, *Dict.*, II, 301, t. 828 (non Cav.). — *Altingia* Loud., *H. brit.*, 403 (non Non.).

d'espèces[1] de ce genre. Ce sont de grands et beaux arbres, de l'Amérique du Sud, de l'Océanie et des îles du Pacifique. Leurs feuilles persistantes, coriaces, sont insérées dans l'ordre spiral, tantôt squamiformes et imbriquées; tantôt étroites ou lancéolées, aiguës et piquantes au sommet, étalées. Il y a des espèces où elles réunissent ces deux formes. Les chatons mâles sont terminaux et solitaires, plus rarement groupés sur des axes raccourcis qui occupent le sommet des rameaux. Les chatons femelles et les cônes sont le plus souvent solitaires.

Araucaria (Eutassa) excelsa.

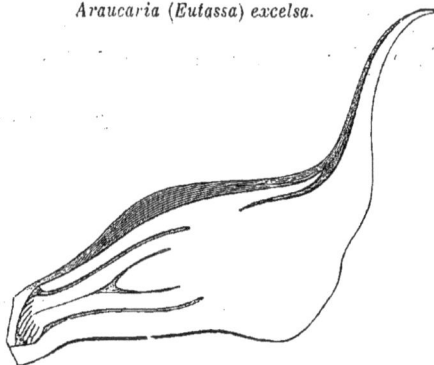

Fig. 53. Bractée et écaille femelles, coupe longitudinale.

Dans la section *Colymbea*[2], d'origine américaine, les appendices des cônes n'ont presque pas d'ailes, et l'embryon n'a que deux cotylédons qui demeurent sous terre pendant la germination.

Au contraire, dans la section *Eutassa*[3], américaine et surtout océanienne, les appendices du cône sont latéralement ailés à leur base, et le nombre des cotylédons est variable. Ils sont hypogés ou épigés.

Agathis Dammara.

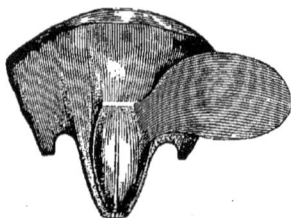

Fig. 54. Bractée et écaille femelles.

Les *Agathis* (fig. 54) sont voisins des *Araucaria*. Ce sont des arbres océaniens, à écailles plus courtes de beaucoup que leur bractée axillante et portant une fleur femelle renversée, rarement deux, avec une large aile des deux côtés ou d'un seul. Les anthères ont des logettes au nombre de cinq ou bien davantage. Les feuilles sont subopposées, généralement grandes et aplaties, coriaces. Les cônes femelles terminent des axes courts, et sont souvent gros, sphériques ou ovoïdes.

1. Lamb., *Pin.*, t. 39, 40 (*Dombeya*); *ed. min.*, t. 56-62. — Pav., in *Mem. Acad. matrit.*, I, 197. — Forb., *Pin. woburn*, t. 50-56. — Sieb. et Zucc., *Fl. jap.*, t. 138-140. — Hook., *Lond. Journ.*, II, t. 18. — Ad. Br. et Gr., in *N. Arch. Mus.*, VII, 205, t. 13-16. — Eichl., in *Mart. Fl. bras.*, IV, 1, 123, t. 110-112. — *Fl. serres*, t. 733, 1577-1580, 2221.

2. Salisb., in *Trans. Linn. Soc.*, VIII, 317, — Spreng., *Syst.*, III, 888; *Anl.*, II, 213. — *Columbea* Steud., *Nom.*, I, 398. — B. H., *Gen.*, III, 437.

3. Salisb., *loc. cit.*, 316. — Spach, *Suit. à Buff.*, XI, 361. — Lindl., *Veg. Kingd.*, 229. — *Eutacta* Link, in *Linnæa*, XV, 543. — Carr., *Conif.*, 604.

VII. SÉRIE DES PINS.

Les fleurs des Pins[1] (fig. 55-78) proprement dits sont monoïques. Les mâles, représentées chacune par une étamine, sont disposées sur l'axe plus ou moins allongé d'un chaton ovoïde ou cylindrique,

Pinus sylvestris.

Fig. 55. Rameau florifère.   Fig. 58. Inflorescence femelle.   Fig. 56. Inflorescence mâle.

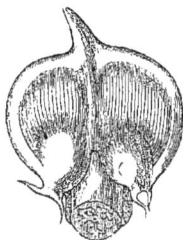

Fig. 59. Fleurs femelles.   Fig. 57. Anthère. déhiscente.   Fig. 60. Fleurs femelles, coupe longitudinale.

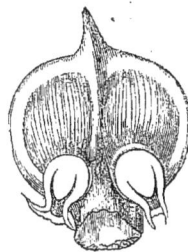

rapprochées en spirale et multisériées. Elles ont un filet court et une anthère à deux loges oblongues, adnées, parallèles, déhiscentes par des fentes longitudinales[2]. Leur connectif se prolonge au-dessus d'elles en un appendice squamiforme, incurvé, crêté, plus rarement

1. T., *Inst.*, 585, t. 355, 356. — L., *Gen.*, ed. I, n. 731; ed. VI, n. 1077. — J., *Gen.*, 414. — Rich., *Conif.*, t. 11, 12. — Lamb., *Descr.* Pinus (1824). — Turp., in *Dict. sc. nat.*, Atl., t. 308, 309. — Nees, *Gen.*, *Fl. germ.*, Monochl., n. 6. — Endl., *Gen.*, n. 1795. — Payer, *Leç. Fam. nat.*, 55. — H. Bn, in *Adansonia*, I, 6, t. 1. — Parlat., in *DC. Prodr.*, XVI, II, 413 — Carr.,

Conif., éd. II, 381. — Strasb., *Conif.*, 50, t. 5, 6, 8, 11, 12. — B. H., *Gen.*, III, 438, n. 26. — Eichl., *loc. cit.*, 70, fig. 28, 29.

2. Le pollen, tout à fait spécial, est formé de trois portions : une médiane et deux latérales, presque sphériques, obliquement unies à la médiane, une à chaque extrémité du grain (Sachs. — Eichl., *loc. cit.*, 43, fig. 20 B).

Pinus Pinaster.

Fig. 61. Branche fructifère.

court et tuberculiforme. Les fleurs femelles sont groupées en petits

chatons ou cônes, ovoïdes ou presque sphériques, dont l'axe porte
des bractées imbriquées, disposées dans l'ordre spiral. Dans l'aisselle
de chaque bractée se voit un axe aplati, qui a reçu le nom d'écaille et
qui est plus ou moins épaissi, rigide, avec un sommet arrondi, rétus
ou plus ou moins acuminé. A sa face inférieure et près de sa base,
cette écaille porte deux fleurs femelles, une de chaque côté. C'est
comme une petite gourde
renversée, l'ovaire, au fond

Pinus resinosa.

Pinus Pinaster.

Fig. 62. Cône.

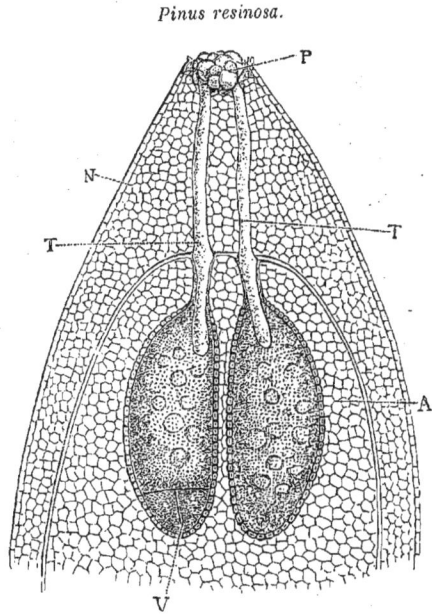

Fig. 63. Ovule lors de la fécondation. — P, pollen.
TT, tubes polliniques. V, corpuscules déjà segmen-
tés. N, nucelle. A, albumen.

duquel s'insère un ovule
basilaire, réduit au nucelle et
orthotrope. Le goulot répond au style béant et se partage supérieurement en deux branches stylaires, ordinairement inégales, non
stigmatifères. Dans le fruit samaroïde, sec et indéhiscent, plus ou
moins comprimé et crustacé, il y a une graine dressée, à tégument
mince et à abondant albumen charnu, dans l'axe duquel se trouve
un embryon à radicule dirigée en bas et à cotylédons dont le nombre
est de trois à quatre ou plus considérable.

Ce sont des arbres ou des arbustes résineux, à feuilles persistantes. Elles sont de deux formes. Les unes, souvent désignées sous
le nom d'écailles, sont courtes et larges, plus ou moins scarieuses
ou hyalines, marcescentes et disposées en spirale, imbriquées. Elles

sont insérées sur un axe court. Les autres, attachées plus haut sur le

Pinus Abies.

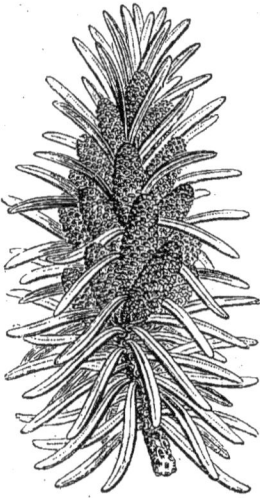

Fig. 64. Rameau florifère mâle.

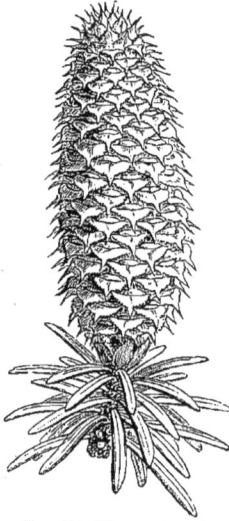

Fig. 65. Chaton femelle.

Fig. 69. Cône.

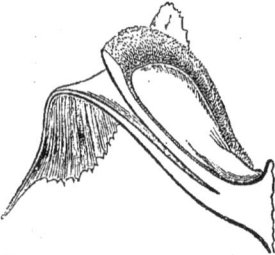

Fig. 68. Bractée et écaille femelles, coupe longitudinale.

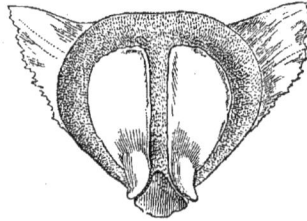

Fig. 66. Bractée et écaille femelles vues de face.

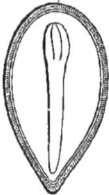

Fig. 71. Fruit, coupe longitudinale.

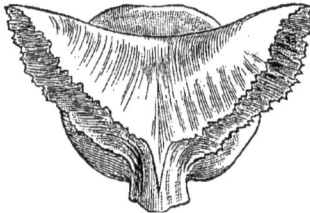

Fig. 67. Bractée et écaille femelles vues de dos.

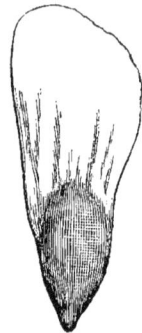

Fig. 70. Samare.

même axe, sont étroites, allongées, aciculaires, vertes, au nombre d'une à cinq; si rapprochées les unes des autres qu'elles paraissent

fasciculées et qu'on les a souvent décrites comme opposées ou verticillées dans une gaine commune. Les chatons mâles sont disposés en
épis au sommet des rameaux ou à la base des innovations. Chaque
chaton est solitaire dans l'aisselle d'une écaille de l'axe de l'inflorescence, et sa base est entourée d'un nombre variable de bractées
imbriquées et stériles, formant une sorte d'involucre. Les chatons
femelles sont aussi entourés à leur base de bractées imbriquées. Ils
occupent, solitaires ou en petit nombre, le sommet des rameaux, et
sont souvent récurvés. Dans le fruit composé, ou cône (d'où est venu

Pinus Larix.

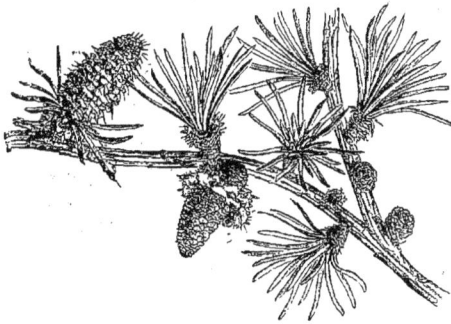

Fig. 72. Rameau florifère.

le nom de la famille),
ovoïde ou oblong, les bractées, arrêtées de bonne
heure dans leur dévelop-
pement, marcescentes ou
tombées, ont cédé la place
aux écailles qui ont beaucoup grandi, sont devenues
ligneuses et présentent un
sommet épais, qui repré-
sente une aréole quadrila-
térale, arrondie, atténuée
ou acuminée. Ces écailles
s'écartent les unes des autres à la maturité et persistent longtemps
sur l'axe. En même temps, le véritable fruit devient samaroïde, parce
que sa base se prolonge supérieurement en une aile membraneuse
qui sert à la dissémination et qui est constituée par une lame superficielle détachée de la face inférieure de l'écaille.

L'ancien genre *Pinus* de LINNÉ a été décomposé en un assez grand
nombre de types génériques secondaires. Le *P. Abies* et les espèces
analogues, qui sont des Sapins (fig. 64-71), ont constitué pour beaucoup d'auteurs un genre *Abies*[1], parce que leurs chatons mâles,
axillaires, sont solitaires; leurs anthères pourvues d'un connectif
umboné ou à peine saillant au delà des loges; leurs cônes dressés,
à écailles moins épaisses, tombant avec les fruits; la bractée

1. T., *Inst.*, 585, t. 353. — L., *Gen.*, ed. I,
n. 732. — J., *Gen.*, 414. — LINK, in *Abh. Akad.
Wiss. Berl.* (1827), 181.—ENDL., *Gen.*, n. 1795 c.
— PAYER, *Leç. Fam. nat.*, 55. — H. BN, in
Adansonia, I, 6, t. 1. — PARLAT., in *DC. Prodr.*,
XVI, II, 418. — CARR., *Conif.*, 265. — STRASB.,

Conif., 450 (part.).—B. H., *Gen.*, III, 441, n. 31.
— EICHL., *loc. cit.*, 81, fig. 39, 40. — *Picea*
DON, in *Loud. Arb. brit.*, 2293. — *Keteleeria*
CARR., in *Rev. hort.* (1866), 449; (1887), 207,
c. ic.; *Conif.*, ed. II, 260. — PIROTTA, in *Ann.
Ist. bot. Rom.*, IV.

demeurant visible, avec un apicule terminal, égal à l'écaille ou plus
long qu'elle; des feuilles linéaires, planes en dessus, et dont l'alternance n'est pas dissimulée, laissant sur les branches, après leur
chute, des cicatrices non saillantes.

Dans la section *Pseudotsuga*[1], parfois élevée aussi au rang de genre,
les feuilles et les fleurs sont celles des *Abies;* mais les écailles du
cône sont persistantes, et l'apicule de la bractée dépasse l'écaille.

Dans les *Tsuga*[2] aussi, les feuilles sont celles des *Abies*, avec une

Pinus Larix.

Fig. 73. Inflorescence mâle.

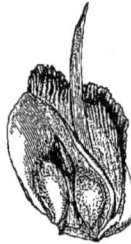

Fig. 76. Bractée et écaille
femelles.

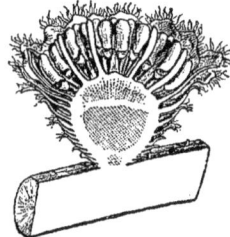

Fig. 74. Inflorescence mâle,
coupe longitudinale.

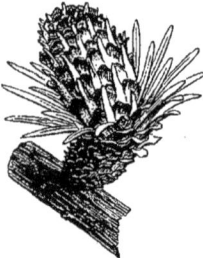

Fig. 75. Inflorescence femelle.

Fig. 77. Écaille femelle,
coupe longitudinale.

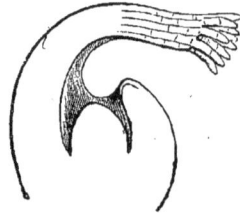

Fig. 78. Fleur femelle,
coupe longitudinale.

cicatrice légèrement saillante, et les fleurs mâles sont également
celles des *Abies;* mais dans le fruit mûr, réfléchi, les écailles sont
persistantes et la bractée axillante est peu volumineuse.

Les *Picea*[3] sont encore des Pins à chatons mâles axillaires et soli-

1. CARR., *Conif.*, ed. II, 254; in *Rev. hort.*
(1863), 152, c. ic. — PARLAT., in *DC. Prodr.*,
XVI, II, 430 (sect. *Tsugæ* spec.).— B. H., *Gen.*,
III, 441, n. 30. — EICHL., *loc. cit.*, 80 (*Tsugæ*
sect.).

2. CARR., *Conif.*, 185; ed. II, 245. — B. H.,
Gen., III, 440, n. 29. — EICHL., *loc. cit.*, 80,
fig. 36, 37. — PARLAT., in *DC. Prodr.*, XVI,
II, 427 (*Pini* sect.).

3. LINK, in *Abh. Akad. Wiss. Berl.* (1827),
179; *Handb.*, 478. — ENDL., *Gen.*, n. 1795 b
(*Pini* sect.). — PARLAT., in *DC. Prodr.*, XVI,
II, 413 (*Pini* sect.). — SPACH, *Suit. à Buff.*,
XI, 405 (*Abietis* sect.). — B. H., *Gen.*, III, 439,
n. 28. — CARR., *Conif.*, éd. II, 327.— EICHL.,
loc. cit., 77, fig. 34, 35. — *Abies* DON in *Loud.
Arb. brit.*, IV, 2329. — *Veitchia* LINDL., in
Gord. Pin. Suppl., 105 (monstr.).

taires. Leurs anthères ont un prolongement du connectif squamiforme. Leurs cônes réfléchis ont des écailles persistantes et des
bractées axillantes peu développées et souvent cachées. Leurs
feuilles, rigides et subtétragones, sont alternes, articulées avec le
pétiole persistant.

Les *Cedrus*[1] sont des Pins dont les fleurs mâles sont disposées en
chatons solitaires; les étamines surmontées d'un appendice squamiforme; les cônes volumineux, à écailles étroitement imbriquées et
tombant finalement; les feuilles rigides, aciculaires, subtétragones,
étroitement rapprochées dans un bourgeon écailleux.

Les Mélèzes[2] (fig. 72-78) sont aussi des Pins; mais leurs feuilles
ne sont pas persistantes : elles sont disposées comme celles des
Cèdres, et leurs fleurs mâles sont en chatons solitaires, encloses
d'abord dans un bourgeon écailleux. Leurs cônes réfléchis ont des
écailles persistantes et des bractées axillantes plus courtes ou égales.

Ainsi compris dans son sens le plus large, le genre Pin renferme
environ cent dix espèces[3], qui habitent les régions tempérées et
froides du monde entier, ou les montagnes des régions plus chaudes.

VIII? SÉRIE DES CASUARINA.

Les *Casuarina*[4] (fig. 79-83), rapportés d'ordinaire à une famille à
part, ont les fleurs unisexuées, monoïques ou plus rarement dioïques.

1. LOUD., in *Forb. Pin. woburn.*, 144, t. 48,
49 (non T.). — RICH., *Conif.*, t. 14, I. — PAR-
LAT., in *DC. Prodr.*, XVI, II, 407 (*Pini* sect.).
— CARR., *Conif.*, éd. II, 366. — B. H., *Gen.*,
III, 439, n. 27. — EICHL., *loc. cit.*, 74, fig. 30,
31.
2. *Larix* T., *Inst.*, 586, t. 357. — MILL., *Dict.*
— SALISB., in *Trans. Linn. Soc.*, VIII, 313
(part.). — PARLAT., in *DC. Prodr.*, XVI, II, 409
(*Pini* sect.). — CARR., *Conif.*, 357. — B. H.,
Gen., III, 442, n. 32. — NEES, *Gen. Fl. germ.*,
Monochl., n. 9. — EICHL., *loc. cit.*, 75, fig. 32. —
Pseudolarix GORD., *Pin. woburn.*, 292. — EICHL.,
loc. cit., 77, fig. 33.
3. LAMB., *Pin.*, éd. I, t. 31-37; II, t. 1, 3, 9,
10, 37 *bis*; ed. *min.*, t. 1-44, 48-50, 78, 80. —
SIBTH., *Fl. græc.*, t. 919. — FORD., *Pin. woburn.*,
t. 1-35, 45-49. — MICHX, *N.-Amer. Sylv.*, t. 134-
145, 153. — NUTT., *N.-Amer. Sylv.*, t. 112-120,
146-148. — ROYLE, *Ill. himal.*, t. 84. — ENGELM.,
Bot. Calif., II, 117. — SIEB. et ZUCC., *Fl. jap.*,

II, t. 105-116. — TORR., *Bot. Emor. Exped.*,
t. 53-58. — NEWB., *Bot. Williams. Exped.*,
t. 4-8. — JAUB. ct SP., *Ill. pl. or.*, t. 14 (*Abies*).
— LEDEB., *Ic. Fl. ross.*, t. 499 (*Abies*), 500. —
WALL., *Pl. as. rar.*, t. 246. — HOOK., *Fl. bor.-
amer.*, t. 183; *Icon.*, t. 379 (*Taxodium*). —
BOISS., *Voy. Esp.*, t. 167-169 (*Abies*). — MURR.,
Pin. jap. (1863). — REICHB., *Ic. Fl. germ.*, t. 521,
533. — LEMON, in *Trans. Hort. Soc.*, I, t. 20.
— HOOK. F., in *Nat. Hist. Rew.* (1862), t. 1-3.
— FR. et SAV., *En. pl. jap.*, I, 464. — MAYR.,
Mon. Abiet. jap. (1890). — C. GAY, *Fl. chil.*,
V, 416. — S.-WATS., *Bot. Calif.*, II, 117 (*Abies*),
119 (*Pseudotsuga*), 120 (*Tsuga*), 121 (*Picea*),
122; *Bot. 40th Parall.*, 330; 333 (*Abies*). —
SAUV., *Fl. cub.*, 151. — WILLK. et LGE, *Prodr.
Fl. hisp.*, 16 (*Abies*), 17. — BRANDZ., *Prodr.
Fl. rom.*, 432. — GREN. et GODR., *Fl. de Fr.*,
III, 152. — *Bot. Mag.*, t. 4740, 6992.
4. RUMPH. — ADANS., *Fam. des pl.*, II,
481. — FORST., *Char. gen.*, 103, t. 52. — L. F.,

Leurs fleurs mâles consistent en une étamine qu'accompagnent à sa base de deux à quatre bractées imbriquées, souvent inégales, bisériées, souvent aussi considérées comme les pièces d'un calice. Quant à l'étamine, elle se compose d'un filet long, exsert, et d'une anthère à deux loges qui se tournent exactement le dos ou sont plus ou moins dirigées toutes les deux du même côté, et s'ouvrent en dehors par une fente longitudinale. Les fleurs femelles sont représentées par un ovaire libre, surmonté d'un style à deux grandes branches allongées, couvertes de papilles stigmatiques et finalement latérales, mais primitivement antérieure et postérieure. Dans la loge unique de l'ovaire, il y a parfois un placenta basilaire, qui porte quatre ovules orthotropes, à micropyle supérieur, dont deux sont antérieurs et

Casuarina quadrivalvis.

Casuarina stricta.

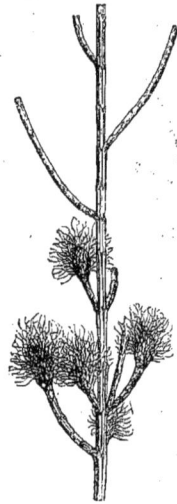

Casuarina nodiflora.

Fig. 79. Inflorescence mâle. Fig. 80. Diagramme mâle. Fig. 81. Inflorescences femelles.

deux postérieurs. Ailleurs, il n'y a que deux ovules, les antérieurs; et en pareil cas, le placenta qui les supporte s'élève sous forme de colonne cylindro-conique; et les ovules, sans cesser de conserver leur micropyle en haut, sont emportés avec le placenta de façon que leur point d'insertion devienne plus ou moins oblique et réponde au bord interne de l'ovule. Le sommet micropylaire[1] peut même se coller à un point de la surface supérieure de l'ovaire[2]. Quant au

Suppl., 62. — J., Gen., 412. — Poir., Dict., VII, 256. — Gærtn., Fruct., II, 63, t. 91. — Turp., in Dict. sc. nat., Atl., t. 299, 300. — Mirb., in Ann. Mus., XVI, 451. — Miq., in DC. Prodr., XVI, ii, 334. — Endl., Gen., n. 1838. — Born., in Dcne et Lem. Tr. gén., 531. — Poiss., in N. Arch. Mus., X, 59, t. 4-7. —

B. H., Gen., III, 401. — H. Bn, in C. rend. Ass. fr., II (1873), t. 8, fig. 17-22. — Treub, in Ann. Jard. Buitenz., X, 145, t. 12-32.

1. Sur la structure ovulaire, Conw.-M. Hill., in Bot. Gaz., XVII (1892).

2. C'est une loge ovarienne vide qui a été nommée chambre à air par M. Bornet.

côté postérieur du placenta, il demeure, en pareil cas, dépourvu d'ovules. Les fruits, groupés en cône presque sphérique, ovoïde ou cylindrique, sont secs, comprimés latéralement et garnis en haut d'une aile que parcourt vers son milieu une saillie qui répond à la base épaissie du style. Ces samares sont entourées des bractées et bractéoles durcies de l'inflorescence; et les bractéoles, qui d'abord se touchent par leurs bords, finissent par s'écarter l'une de l'autre et mettent la samare en liberté. La graine unique, ascendante ou insérée par son bord interne, a des téguments membraneux et un embryon droit, charnu, à cotylédons aplatis et à courte radicule supère, sans albumen.

Casuarina angulata.

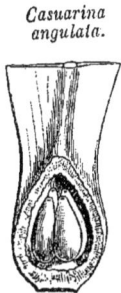

Fig. 82. Fleur femelle à quatre ovules.

Casuarinaa equisetifoli

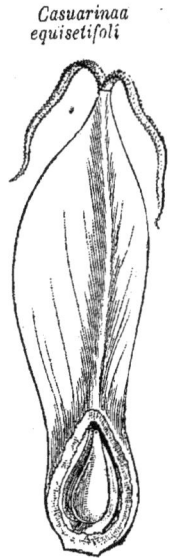

Fig. 83. Fleur femelle à deux ovules.

On distingue de vingt à vingt-cinq espèces[1] de *Casuarina*. Ce sont des arbres ou des arbustes, qui ont le port des Conifères en général. Leurs branches et rameaux sont rigides, dressés ou pendants, en partie décidus, cylindriques et verticillés, ou tétragones et alternes, avec des nœuds articulés au niveau desquels s'insèrent des verticilles d'écailles qui tiennent lieu de feuilles, au nombre de quatre à huit, ou même davantage[2]. Ces écailles sont appri- mées, souvent unies en gaine à leur base, avec des côtes décurrentes qui forment des angles sur les axes. Les écailles d'un verticille alternent avec celles du précédent et du suivant. Les fleurs mâles sont disposées en épis simples ou composés, terminant souvent les axes décidus. Les fleurs femelles sont groupées en petits cônes terminaux ou latéraux. Chacune d'elles est accompagnée des bractées ou écailles qui durcissent autour des fruits. La plupart des *Casuarina* sont australiens. On en trouve aussi dans les autres portions de l'Océanie, l'Archipel Malais et l'Océan Paci- fique, dans l'Asie tropicale, aux îles Mascareignes et à Madagascar.

1. LABILL., *Pl. N.-Holl.*, t. 218. — VENT., *Jard. Cels*, t. 62.—MIQ., *Rev. crit. Cas.* (1848), c. t. 12; *Fl. ind. bat.*, I, 872; Suppl., 141, 354; *Ill. pl. Arch. ind.*, t. 7, 8.—BENTH., *Fl. austral.*, VI, 194.—F. MUELL., *Fragm.*, VI, t. 54;

Chim. and Drugg. (apr. 1882). — HOOK. F., *Fl. tasm.*, t. 96; *Fl. brit. Ind.*, V, 598. — GRISEB., *Fl. brit. W.-Ind.*, 177.

2. E. LOEW, *De Cas. caul. foliisque ev. et struct.* (1865). — MOR., *An. frutt. Cas.* (1890).

C'est HALLER qui, en 1742[1], a créé le groupe des Conifères, admis par LINNÉ comme ordre distinct en 1751[2], puis par B. DE JUSSIEU[3], en 1759, et par son neveu, en 1789[4]. ADANSON en avait fait, en 1763, la famille des Pins[5]. Au commencement de ce siècle, cette famille fit l'objet des recherches spéciales de R. BROWN[6], de B.-MIRBEL[7] et de L.-C. RICHARD[8]. Plus près de nous, elle fut étudiée monographiquement par ENDLICHER[9], EICHLER[10], M. CARRIÈRE[11], et, au point de vue du développement et de l'organisation florale, par nous-même[12] et par M. STRASBURGER[13]. La structure anatomique de ses organes végétatifs, avec ses particularités si remarquables, a été l'objet d'un grand nombre de travaux[14]; et l'organisation très simplifiée de ses fleurs a donné lieu à beaucoup de recherches et de controverses un peu oiseuses, au sujet de l'interprétation et de la signification morphologique des parties[15]. Telle que nous la concevons, la famille se partage en huit séries :

I. TAXÉES[16]. — Fleurs mâles en chatons accompagnés de bractées

1. Enum. stirp. Helv., I, 145, Ord. 1.
2. Phil. bot., 28.
3. Hort. Trian., Ord. 63.
4. A.-L. JUSS., Gen. plant., 411, Ord. 5.
5. Fam. des pl., II, 473, Fam. 57.
6. In King's Voy. App. (1825); in Ann. sc. nat., sér. 1, VIII, 232.
7. In Ann. Mus., XV, 473, c. tab.
8. Comm. bot. de Conif. et Cycad. op. posth. Stuttg. (1826).
9. Gen., 258, Cl. 22; Syn. Conif. (1847). — PARLAT., in DC. Prodr., XVI, II.
10. Pflanzenfam., Lief. 3, 4, p. 28.
11. Traité général des Conifères (1855); éd. II (1867).
12. H. BN, in C. rend. Ac. sc. (30 avril 1860); in Adansonia, I, 1, t. 1, 2; V, 1, t. 1.
13. Die Conif. u. die Gnetac. (1872); Die Angiosperm. u. die Gymnospérm. (1879).
14. H. MOHL, in Bot. Zeit. (1862). — KLEIN, Anat. Conif. Wurz., in Flora (1872), 103. — LINK, in Ann. sc. nat., sér. 2, V, 129 (bois). — J. THOM., Anat. comp. Conif. (Bull. Soc. bot. Fr., XI, Bibl., 244). — LANESS., in Bull. Soc. Linn. Par., 43. — BEHR., Ueb. d. anat. Besich. zwisch. Blatt. u. Rinde d. Conif. (1886). — WILLE, Zur Diagnost. d. Coniferenholzes (1887). — SCHUM., Anat. Stud. Knospenh. v. Conif. u. Dicot. Holz. (1889). — DOULIOT, in Journ. bot. Mor. (1890), 206 (dév. de la tige). — DAGUILL., in Journ. bot. Mor. (1890, 16 juill.), Suppl. (feuilles). — V. TIEGH., in Bull. Soc. bot. Fr., XXXVIII (1891). — EICHL., Pflanzenfam., 28 (Vegetationsorg.). — KNY, Anat. Holz v. Pinus sylvestris (1884). — BELAJ., in Ber.

deutsch. bot. Ges., IX, t. 18 (tube pollinique). — TCHIST., in Att. Congr. Fir., 51 (pollen). — CELAK., Gymnosp. (1890). — PRANTL, loc. cit., 33 (Anat. Verhaltnisse). Le dernier auteur donne une énumération des principaux travaux publiés sur l'anatomie de la famille.

15. Il s'agit surtout de la grande querelle entre les gymnospermistes et les angiospermistes. Ce que nous avons appelé ici ovaire est, pour les premiers, un tégument ovulaire. Le tube, parfois très long, qui le surmonte, de nature stylaire, est un prolongement styliforme du tégument pour les gymnospermistes; et son sommet, souvent double, est, pour eux, une extrémité stigmatiforme. PAYER a résumé les diverses opinions relatives à la valeur morphologique des parties de la fleur femelle, dans ses Leçons sur les familles des plantes, p. 61, et dans son Rapport sur nos recherches organogéniques, fait à l'Académie en 1860. Pour les fleurs mâles, les uns regardent chaque étamine comme une fleur mâle apérianthée, et d'autres font une fleur mâle de l'ensemble de la colonne staminigère. La chambre pollinique est formée tardivement par dissociation des phytocystes du sommet du nucelle. Un égaré a déclaré que les recherches organogéniques ne lui inspiraient aucune confiance, parce qu'il n'y était pas question de cette chambre que nous avons vu inventer. Il ignorait que l'époque de la formation de ce prétendu organe n'avait aucun rapport avec l'organogénie de la fleur.

16. SPRENG., Anleit., II, I, 217. — B. H., Gen., III, 422, Trib. 3. — Taxinæ RICH., in Ann. Mus., XVI, 297. — Taxineæ DUMORT.,

imbriquées, à la base de l'ensemble, ou plusieurs fertiles, Fleurs femelles sur un axe court ou allongé; l'ovaire entouré le plus souvent à sa base d'une cupule plus tard accrue. Gynécées solitaires ou géminés, dressés, à acropyle supérieur. — 5 genres.

II. CUPRESSÉES[1]. — Chatons femelles à écailles 2-∞-sériées, opposées ou plus rarement spiralées (Taxodiées). Fleurs femelles dressées, solitaires, 2-nées ou en cyme contractée à l'aisselle des bractées, sur une saillie plus ou moins prononcée de l'axe; par suite adnées plus ou moins haut à la bractée et pouvant même la dépasser au sommet. Acropyle supérieur. Bractée souvent réduite à une surface mousse ou à un mucron dorsal. Écailles du fruit composé finalement disjointes, persistantes. — 7 genres.

III. JUNIPÉRÉES[2]. — Chatons femelles à bractées verticillées, 2-sériées, avec celles d'une ou deux des séries portant dans leur aisselle chacune une fleur femelle à style supérieur, inégalement, 2-labié, récurvé, à acropyle supérieur. Ovule dressé, ascendant. Bractées fructifères hypertrophiées, charnues, enveloppant les fruits dressés et secs. — 1 genre.

IV. ATHROTAXÉES[3]. — Chatons femelles à bractées disposées en spirale. Fleurs femelles axillaires des bractées, renversées et insérées sur une saillie plus ou moins entraînée avec la bractée axillante; l'acropyle inférieur. — 3 genres.

V. NAGÉIÉES[4]. — Chatons femelles à bractées plus ou moins nombreuses, spiralées, accompagnant la base d'une fleur femelle renversée (simulant un ovule anatrope), entourée d'un sac plus ou moins complet, disciforme; l'acropyle inférieur. — 4 genres.

VI. ARAUCARIÉES[5]. — Chatons femelles à bractées nombreuses, ∞-sériées et spiralées, imbriquées; l'écaille adnée à la bractée et portant 1-6 fleurs femelles renversées, adnées en partie à l'écaille. Fruits secs, samaroïdes; l'acropyle inférieur. — 2 genres.

Comm., 53. — A. RICH., Conif., 124. — ENDL., Gen., 261, Ord. 78. — Taxideæ GRAY, Arr. brit. pl., II, 226. — Taxaceæ LINDL., Veg. Kingd., 230, Ord. 75.

1. LINDL., Veg. Kingd., 229 (part.). — Cupressinæ RICH., in Ann. Mus., XVI, 298 (part.). — Cupressinæ A. RICH., Mém. Conif., 137. — B. H., Gen., III, 421, Trib. 1. — Cupressaceæ WALP., Ann., III, 444. — Cupressideæ GRAY, Arr. brit. pl., II, 225.— Taxodineæ ENDL., Syn. Çonif., 6 (part.).

2. SPRENG., Anleit., II, I, 214 (part.). — Ju-

niperinæ ENDL., Syn. Conif., 5; Gen., Suppl., IV, 1 (Cupressinearum Div.).

3. Taxodieæ B. H., Gen., III, 422, Trib. 2 (part.).

4. Podocarpeæ REICHB., Handb., 166 (Taxinearum Div.). — SPACH, Suit. à Buff., XI, 437 (Abietinearum Sect.). — B. H., Gen., III, 423, Trib. 4. — Podocarpaceæ WALP., Ann., III, 448.

5. REICHB., Handb., 168. — ENDL., Syn. Conif., 80. — SPACH, Suit. à Buff., XI, 359. — B. H., Gen., III, 423, Trib. 4.

VII. Pinées[1]. — Chatons femelles à bractées spiralées, nombreuses; les écailles axillaires libres ou unies seulement tout à fait à la base, portant à la base, de chaque côté, une fleur femelle renversée. Fruits secs, pourvus d'une aile formée d'une lame superficielle séparée de l'écaille, rarement presque nulle ou nulle. — 1 genre.

VIII? Casuarinées[2]. — Ovules 1-4, basilaires, dressés, orthotropes, puis plus ou moins soulevés par l'accroissement du placenta, mais toujours à micropyle supérieur. Fruits secs, disposés en cône; les bractées durcies et béantes. Plantes aphylles, à écailles verticillées au niveau des nœuds des axes. — 1 genre.

Ainsi constituée, la famille comprend pour nous vingt-quatre genres et plus de trois cents espèces, du monde entier, abondantes surtout dans les régions froides, tempérées et montueuses des deux hémisphères, formant souvent de vastes forêts dans l'hémisphère boréal, beaucoup plus rares dans les régions tropicales.

———

Les affinités de la famille sont, nous le verrons, très étroites avec celles qui, comme elle, ont été attribuées à la Gymnospermie (Gnétacées et Cycadacées). Il y en a aussi de très notables avec certaines Cryptogames vasculaires. Si cependant on considère les Conifères comme pourvues d'une paroi ovarienne, elles sont, par leur gynécée aussi bien que par leurs chatons mâles, très analogues aux Angiospermes à ovule unique dressé, comme les Myricées, les Juglandacées, les Polygonacées et certaines Loranthacées, dont elles se distinguent toujours facilement par leur feuillage, leur bois résineux, leur ovaire acropylé, la pénétration de leurs tubes polliniques jusque sur le nucelle, la présence de corpuscules dans leur gynécée, l'organisation de leur embryon et de son suspenseur, l'époque du développement de leur albumen, etc., etc. Les Casuarinées, qui, où qu'on les place, constituent un groupe à part, ont été, bien entendu, également comparées aux Cryptogames.

---

1. Spreng., *Anleit.*, II, I, 211 (Ord.). — *Pinastri* Link, *Handb.*, II, 476 (*Abietinearum* Subord.). — *Pinaceæ* Lindl., *Veg. Kingd.*, 226 (part.). — *Abietineæ* Rich., *Mém. Conif.*, 10. — B. H., *Gen.*, III, 423, Trib. 6. — *Abietinæ* Rich., in *Ann. Mus.*, XVI, 298 (part.). — *Abieteæ* Spach, *Suit. à Buff.*, XI, 369. — *Abie-*

taceæ Walp., *Ann.*, III, 446 (Ord.). — *Abietideæ* Gray, *Arr. brit. pl.*, II, 223.

2. Mirb., in *Ann. Mus.*, XVI, 451. — Endl., *Gen.*, 270 (*Juliflorarum* Ord.). — B. H., *Gen.*, III, 401, Ord. 158. — Treub, in *Ann. Jard. Buitenz.* (1891), X, 145, t. 12-22. — *Casuarinaceæ* Lindl., *Veg. Kingd.*, 249, Ord. 77.

USAGES[1]. — Ils sont très nombreux, et la plupart dus à la richesse
en produits résineux des plantes de cette famille, produits sur
lesquels ont été écrits de nombreux et volumineux ouvrages. Le genre
Pin, tel que nous l'avons défini, fournit une grande quantité de ces
substances. Le *Pinus Pinaster*[2] (fig. 61, 62), si longtemps à tort
confondu avec le *P. maritima* AIT., est l'espèce qu'on cultive le plus
dans les landes de la Gascogne. Il donne par incisions la Térébenthine
de Bordeaux, le Galipot et une sorte de colophane. Le *P. sylvestris*[3]
(fig. 55-60) est notre espèce forestière la plus commune et donne une
térébenthine à térébenthène, les goudrons du Nord et de la poix.
Ses bourgeons s'emploient en médecine sous le nom de Bourgeons de
Sapin, et son écorce sert à préparer la laine hygiénique, dite de forêt.
Les *P. Pumilio* HKE et *uncinata* RAM. ont des propriétés analogues.
Le *P. palustris*[4] donne la plus grande partie de la Térébenthine
d'Amérique ou de Boston, à peu près la seule qu'on emploie en
Angleterre. Le *P. Tæda*[5], des États-Unis, produit aussi de la térébenthine et de la colophane. Parmi les espèces de la section *Picea*, le
P. Picea[6] donne la Poix de Bourgogne et des Vosges. Le *P. Abies*[7]
(fig. 64-71) produit, dans les Vosges, la térébenthine d'Alsace ou de
Strasbourg. Le *P. balsamea*[8], de l'Amérique du Nord, sert à l'extrac-
tion de la Térébenthine ou Baume du Canada. Le *P. canadensis*[9]
donne une térébenthine dite Poix du Canada, et une essence extraite
des feuilles, qui a, dit-on, les propriétés de la Sabine. Le Mélèze[10]
(fig. 72-78) fournit une térébenthine particulière et une matière

1. ENDL., *Enchirid.*, 138. — LINDL., *Veg. Kingd.*, 228. — ROSENTH., *Syn. pl. diaphor.*, 163, 1097. — GUIB., *Drog. simpl.*, éd. 7, II, 236. — HERLANT, *Ét. prod. résin. Conif.* — H. BN, *Tr. Bot. méd. phanér.*, 1346.

2. SOL., in *Ait. H. kew.*, III, 367. — GREN. et GODR., *Fl. de Fr.*, III, 154. — H. BN, *loc. cit.*, 1349, fig. 3369.—*P. maritima* LAMK, *Fl. de Fr.*, II, 201. — *P. syrtica* THORE. (*Pin des Landes, P. de Bordeaux*).

3. L., *Spec.*, 1418 (part.).—DC., *Fl. fr.*, III, 271. — GREN. et GODR., *Fl. de Fr.*, III, 152. — *P. rubra* MILL., *Dict.*, n. 3.—*P. Mughus* JACQ., *Ic. rar.*, t. 193 (non SCOP.) (*Pin du Nord, P. suisse, P. de Russie, P. de mâture, P. de Tarare, P. d'Haguenau, P. d'Écosse, P. de Riga, P. rouge, P. de Genève, Pinéastre*).

4. MILL., *Dict.*, n. 14. — LAMB., *Pin.*, ed. II, 30, t. 21. — *P. australis* MICHX, *Arbr.*, I, 62, t. 6. — *P. Palmieri* MANETT. (*Pitch-Pine, Yellow-Pine, Broom-Pine*).

5. L., *Spec.*, 1419 (part.). — H. BN, *Tr. Bot.*

méd. phanér., 1353. — *P. virginiana tenuifolia* PLUK. (*Frankincense Pine, Loblolly Pine*).

6. DUROI, *Obs. bot.*, 37.

7. DUROI, *loc. cit.*, 39. — *P. pectinata* LAMK. — *P. Abies* ENDL. — *Abies alba* MILL.—*A. taxifolia* DESF. — *A. vulgaris* POIR. — *A. pectinata* DC. — *A. candicans* FISCH. (*Sapin, Silver-Fire, Tanne Silbertanne, Abeto bianco*).

8. L., *Spec.*, 1421. — *Picea balsamea* LOUD. (*Balsam Fir*).

9. Le *P. alba* AIT., *H. kew.*, ed. 1, III, 371 est l'*Abies canadensis* MILL. et le *Pinus canadensis* DUROI.

10. *P. Larix* L., *Spec.*, 1420. — *Larix decidua* MILL., *Dict.*, n. 1. — *L. pyramidalis* SALISB. — *L. communis* LAWS. — *Abies Larix* LAMK, *Ill.*, t. 785. Le Cèdre du Liban (*P. Cedrus* L., *Spec.*, 1420. — *Larix Cedrus* MILL. — *Abies Cedrus* POIR.) a une écorce astringente, donne une sorte de gomme, un goudron liquide qui servait aux embaumements, une manne sucrée et un bois dont les qualités sont célèbres.

sucrée, la Manne de Briançon. Sur son tronc se récolte le Polypore nommé en thérapeutique Agaric blanc. Bien d'autres Pins sont utiles : les *P. Cembra* L., *cilicica* ANT. et KOTSCH., *densiflora* SIEB. et ZUCC., *cembroides* ZUCC., *flexilis* BIGEL., *Sabiniana* DOUGL., *brachyptera* ENGELM., *edulis* ENGELM., *Fraseri* PURSH, *macrocarpa* LINDL., *ponderosa* DOUGL., *scoparia* RŒZL, *resinosa* RŒZL, *Standishii* RŒZL, *Lindleyi* RŒZL, *hamata* RŒZL, etc., etc.[1]

Le Cyprès commun[2] (fig. 16-20) porte des cônes ou Noix de Cyprès, vantés jadis comme astringents, vulnéraires et stomachiques. L'huile des *Thuya* est aujourd'hui usitée en médecine, et leurs feuilles passent pour sudorifiques, antirhumatismales. On emploie surtout le *T. occidentalis* L.[3] (fig. 21-28), si souvent cultivé dans nos jardins. La teinture de *Thuya* a été vantée contre diverses tumeurs. C'est du *Callitris quadrivalvis*[4] (fig. 29) que s'extrait au Maroc la Sandaraque. L'If[5] (fig. 1-9) passe pour vénéneux. On l'a cependant vanté comme fébrifuge, antispasmodique, emménagogue, contre les rhumatismes, l'éclampsie, l'épilepsie. Les Genévriers sont peut-être plus actifs : d'abord le *G. commun*[6] (fig. 31-40), qui a un bois sudorifique et dont le fruit composé sert à préparer une boisson alcoolique fermentée et distillée, le vrai genièvre; une essence volatile, et un extrait gommo-résineux digestif, diurétique, antileucorrhéique. La Sabine[7] (fig. 41) est célèbre comme emménagogue et abortive. C'est un poison irritant, dangereux, qui agit vivement sur

---

1. On doit aussi mentionner le Pin-Pignon (*P. Pinea* L., *Spec.*, 1419), si célèbre par son port majestueux et ses graines à albumen comestible (*P. à parasol, Pinheiro negro, Pino da pinocchi*); le *P. Laricio* POIR., *Dict.*, V, 339, qui fournit de si beaux mâts de navire (*Pin de Corse*); le *P. Strobus* L., *Spec.*, 1519, à bois excellent, qui produit une térébenthine (*Pin du Lord, P. de Lord Weimouth*); le *P. halepensis* MILL., *Dict.*, n. 8; *Icon.*, t. 216. — *P. hierosolimitana* DUHAM., dont la résine est également bonne et le bois employé pour la menuiserie.

2. *Cupressus sempervirens* L., *Spec.*, 1422. — H. BN, *Tr. Bot. méd. phanér.*, 1360, fig. 3379-3386. — *C. glauca* LAMK (*Cyprès de Goa, Cèdre de Bousaco*). Le *C. thuyoides* L. (*Chamœcyparis sphœroidea* SPACH) est employé, en Amérique, à la confection de la poudre de guerre. Ses branches et rameaux servent à de nombreux usages domestiques. Le *C. Lawsoniana* MURR. est recherché pour son bois.

3. *Spec.*, 1422 (*Arbor vitœ* pharm. hamb.). Le *T. orientalis* VAHL (*Cupressus Thuya* TARG.) est tinctorial, de même que le *T. gigantea* HOST.

On dit qu'il y a des fruits de *Thuya* comestibles (voy. H. BN, in *Dict. enc. sc. méd.*, sér. 3, XVII, 410).

4. VENT. — H. BN, *Tr. Bot. méd. phanér.*, 1360. — *Thuya articulata* SHAW. — *Frenela Fontanesii* MIRB. Sir J.-D. HOOKER a récemment confirmé, lors de son voyage au Maroc, cette origine de la Sandaraque.

5. *Taxus baccata* L., *Spec.*, 1472. — GREN. et GODR., *Fl. de Fr.*, III, 159. — H. BN, *Tr. Bot. méd. phanér.*, 1359, fig. 189-191, 3378 (*If d'Europe, Ifveteau*). On dit aussi les *Cephalotaxus* vénéneux, quoique à un moindre degré.

6. *Juniperus communis* L., *Spec.*, 1470. — GREN. et GODR., *Fl. de Fr.*, III, 157. — H. BN, *Tr. Bot. méd. phanér.*, 1357, fig. 3375 (*Genièvre, Pétrot, Pétron*).

7. *Juniperus Sabina* L., *Spec.*, 1472. — GREN. et GODR., *Fl. de Fr.*, III, 159. — DUHAM., *Arbr.*, II, t. 62, 63. — BERG et SCHM., *Darst. off. Gew.*, t. 30 a. — H. BN, *Tr. Bot. méd. phanér.*, 1358, fig. 3376. — *J. lusitanica* MILL., *Dict.*, n. 11. — *Sabina officinalis* GRCKE, *Fl.*, ed. V, 449 (*Sabinier, Savinier*).

la peau et les muqueuses. L'Oxycèdre[1] est un autre Genévrier utile, dont s'extrait par distillation l'huile de Cade, âcre, caustique, substitutif puissant, employé au traitement des ulcères rebelles, des affections cutanées, de la gale. Le G. de Virginie[2] (fig. 42) donne par distillation un stéaroptène cristallisable, aromatique et stimulant. Son bois sert à faire des crayons de mine de plomb. La résine de Kaori, extraite de l'*Agathis Dammara*[3] (fig. 54), est aujourd'hui indiquée pour le traitement des plaies, des ulcères, des brûlures; elle sert à préparer de beaux vernis.

Il nous suffira de rappeler les nombreux usages des bois des Pins, Sapins, Cèdres, Mélèzes, Ifs, Cyprès, Thuya, Genévriers, *Araucaria*, *Agathis*, *Taxodium*, *Athrotaxis* (*Sequoia*), *Torreya*, *Dacrydium*, *Nageia* et même des *Casuarina*, ainsi que les grands services que rendent les Conifères comme plantes d'ornement, dans nos bois, parcs et jardins.

1. *Juniperus Oxycedrus* L., *Spec.*, 1470. — GREN. et GODR., *Fl. de Fr.*, III, 158. — H. BN, *Tr. Bot. méd. phanér.*, 1359 (*Cade, Petit Cèdre*).
2. *Juniperus virginiana* L., *Spec.*, 1471. — MICHY, *Sylv.*, III, 221, t. 155. — ENDL., *Syn. Conif.*, 27 (part.). — CARR., *Conif.*, 43 (part.). — H. BN, *Tr. Bot. méd. phanér.*, 1359 (*Cèdre rouge de Virginie*).

3. RICH., *Conif.*, 83, t. 19. — *A. loranthifolia* SALISB. — *Dammara alba* RUMPH., *Herb. amboin.*, II, 174, t. 57. — *D. Rumphii* PRESL. — *Abies Dammara* POIR. — *Pinus Dammara* LAMB. (*Dammar Batu, Dammara Puti*). Les *D. australis* LAMB. et *robusta* MOORE produisent, dans les mêmes pays, des résines analogues.

GENERA

I. TAXEÆ.

1. Taxus T. — Flores diœci v. rarius monœci; masculorum columna stipitata subglobosa. Antheræ 4-8, supra depressæ, breviter stipitatæ, primum subglobosæ; loculis 4-6, sub apice stipitis affixis descendentibus; singulis subtus introrsum rimosis, demum patentibus; connectivo haud appendiculato v. vix mucronulato. Flores fœminei sæpius solitarii, ramulum terminantes; bracteis vacuis ∞, imbricatis. Germinis carpella 2, connata, cum bracteis supremis 2 alternantia; stylo brevi hiante, 2-lobulato. Ovulum 1, basilare erectum atropum. Fructus ovoideus siccus erectus terminalis, basi disco cupuliformi demum pulposo cinctus. Semen 1, erectum; integumento tenui; albumine carnoso copioso; embryonis axilis cotyledonibus inferioribus 2. — Arbores v. frutices sempervirentes; foliis alternis, sæpe distiche patentibus, linearibus, planis, nunc falcatis; amentis masculis ad axillas subsessilibus solitariis, basi bracteis pluribus squamiformibus imbricatis stipatis. (*Hemisph. bor. orbis utriusque reg. temp.*) — *Vid. p.* 1.

2. Torreya Arn.[1] — Flores diœci; masculis (staminibus) columnæ ovoideæ v. oblongæ intra bracteas subsessili affixis; antheris spiraliter confertis, breviter stipitatis; loculis 4 e basi supera connectivi descendentibus et in semi-annulum coalitis, introrsum 2-valvibus; connectivo supra loculos breviter producto et sæpe margine superiore

---

1. In *Ann. Nat. Hist.*, ser. 1, I, 130. — H. Bn, in *Adansonia*, I, 5, t. 2, fig. 1-11. — Parlat., in *DC. Prodr.*, XVI, II, 504. — Carr., *Conif.*, éd. II, 723. — B. H., *Gen.*, III, 431, n. 14. — Eichl., *Pflanzenfam.*, I, 111, fig. 70. — H. Bn, in *Bull. Soc. Linn. Par.*, 985. — *Caryotaxus* Zucc. — Henk. et Hochst., *Nadelh.*, 365. — *Fœtataxus* Nels., *Pin.*, 167.

denticulato. Flores fœminei in axilla bracteæ sæpius 2-nati; quoque in axilla bracteæ lateralis sessili, bracteolisque 2-4-fariam imbricatis basi cincto. Germen subovoideum, basi in discum annularem dilatatum, apice in stylum brevem pervium desinens. Ovulum basilare atropum. Fructus drupiformis, disco carnoso aucto inclusus. Semen erectum; testa ossea; albumine valde ruminato; embryonis subapicalis parvi cotyledonibus 2. — Arbores sempervirentes; foliis alternis, distiche patentibus, linearibus[1]; amentis masculis axillaribus, basi bracteis nonnullis decussatim imbricatis stipatis; floribus fœmineis 2-nis in axi communi axillari alternati-spicatis. (*America bor., China bor., Japonia*[2].)

3. Cephalotaxus SIEB. et ZUCC.[3] — Flores diœci; amentis masculis brevibus subglobosis, paucifloris. Stamina pauca; filamento obliquo; antheræ ventrifixæ loculis 2-4, inferioribus, intus subdeorsum dehiscentibus; connectivo in appendicem acutam rectam v. sursum incurvam producto. Amenta fœminea ovoidea brevia; bracteis squamiformibus paucis. Flores in singularum axillis 2, erecti; germine sacciformi, ore subintegro v. obscure 2-dentato; ovulo erecto, apice obtuso. Fructus[4] drupaceus; putamine duro, inferne cum semine adnato; albumine carnoso; embryonis inversi cotyledonibus inferis 2. — Arbores v. frutices sempervirentes; foliis alternis, distiche patentibus, linearibus; amentis in capitula axillaria bracteis squamiformibus involucrata dispositis. (*Japonia, China,* (?) *India or.*[5])

4. Ginkgo L.[6] — Flores diœci; masculis columnæ laxe cylindraceæ insertis; antherarum subspiraliter confertarum stipite tenui; loculis 2, ab apice stipitis pendulis, a basi subdistinctis, lateraliter v. introrsum rimosis; connectivo supra loculos brevissime producto. Flores fœminei squamæ pedunculiformes apiceque inæqui-lobatæ

---

1. Fere *Thuyæ*, nisi longioribus.
2. Spec. 3, 4; NUTT., *N.-amer. Sylv.*, t. 109. — SIEB. et ZUCC., *Fl. jap.*, t. 129. — HOOK., *Icon.*, t. 232, 233. — NEWB., *Pl. Williams. Exp.*, 62, c. xyl. — *Bot. Mag.*, t. 4780.
3. *Fl. jap. Fam. nat.*, II, 108; *Fl. jap.*, II, 65, t. 130-132. — PARLAT., in *DC. Prodr.*, XVI, II, 502. — CARR., *Conif.*, 175. — B. H., *Gen.*, III, 430, n. 12. — EICHL., *loc. cit.*, 109, fig. 69, — H. BN, in *Bull. Soc. Linn. Par.*, 986.
4. Nunc semipollicaris.

5. Spec. 2, 3. FORB., *Pin. worburn.*, t. 66 (*Taxus*). — FR. et SAV., *En. pl. jap.*, I, 473. — *Hook. Icon.*, t. 1523, 1933. — *Bot. Mag.*, t. 4499.
6. *Mantiss.*, 313. — RICH., *Conif.*, t. 3, 3 *bis.* — H. BN, in *Adansonia*, I, 8. — PARLAT., in *DC. Prodr.*, XVI, II, 506. — CARR., *Conif.*, éd. II, 711. — B. H., *Gen.*, III, 32, n. 15. — EICHL., *loc. cit.*, 108, fig. 68. — *Salisburia* SM., in *Trans. Linn. Soc.*, III, 330. — ENDL., *Gen.*, n. 1803. — *Pterophyllus* NELS., *Pin.*, 163-

inserti, solitarii v. sæpius 2-6; pedunculi lobis circa germinis basin in cupulam brevem incrassatis. Germen obpyriforme; stylo pervio brevi; ovulo basilari erecto. Fructus drupaceus pedunculatus[1], basi cupula brevi cinctus; semine semi-libero; albumine carnoso; embryone 2-cotyledoneo. — Arbor sempervirens; ramis patentibus; ramulis foliiferis sæpe pendulis; foliis irregulariter ∞-lobis, flabellatim venosis; ramulis aliis axillaribus gemmiformibus, imbricato-squamatis foliorumque minorum fasciculum ferentibus; ramulis floriferis[2] ad nodos tardius evolutis v. terminalibus et post plures annos parum elongatis; inflorescentiis masculis ad axillas squamarum solitariis; floribus fœmineis in gemma squamata ortis. (*China*[3].)

5. **Podocarpus** LABILL.[4] — Flores monœci; masculis (staminibus) columnæ parvæ v. nunc cylindraceæ longiusculæ insertis; antheris subsessilibus spiraliter confertis; loculis parallelis subinnatis, deorsum dehiscentibus; connectivo ultra loculos varie producto. Flores fœminei in axi plus minus dilatata crassaque, nunc compressa et anguste cladodiformi marginales, in axilla bracteæ concavæ crassæ solitarii; germine compressiusculo, basi disco annulari moxque sæpius cupulari cincto; ovulo basilari erecto; stylo brevi, apice plus minus alte 2-lobo. Fructus ovoideus, siccus v. crustaceus; semine erecto albuminoso. — Arbores v. frutices sempervirentes; ramis sæpius verticillatis; ramulis in phyllodia pinnatim v. flabellatim nervosa dilatatis[5], margine dentatis; dentibus folia disticha ad squamas reducta et gemmam axillarem foventia gerentibus; amentis masculis axillaribus solitariis, v. nunc ad apices ramorum fasciculatis; amentis fœmineis in axi communi plus minus cladodiformi solitariis v. ∞. (*Nova Zelandia, Tasmania, Borneo*[6].)

1. Additis fructibus sæpe sterilibus paucis minoribus.
2. De inflorescentia et florum fœmineorum indole, V. TIEGH., in *Ann. sc. nat.*, sér. 5, X, 276 (sensu nostro, haud admittend.).
3. Spec. 1. *G. biloba* L. — SIEB. et ZUCC., *Fl. jap.*, t. 136. — FR. et SAV., *En. pl. jap.*, I, 474. — *Salisburia adiantifolia* SM. — WATS., *Dendr. brit.*, t. 168. — *Ginko* KÆMPF., *Amœn. exot.*, 811. — JACQ. F., in *Œsterr. Med. Jahrb.* (1819), c. ic.
4. *Nov. Holl. pl. Spec.*, II, 71, t. 221 (non LHÉR.). — *Brownetera* L.-C. RICH., in *Ann. Mus.*, XVI, 299. — *Thalamia* SPRENG., *Anleit. Kenn. Gew.*, II, 218. — *Phyllocladus* RICH.,

Conif., 129, t. 3. — ENDL., *Gen.*, n. 1802. — PARLAT., in *DC. Prodr.*, XVI, II, 498. — H. BN in *Adansonia*, I, 4, t. 2, fig. 22-24. — PAYER, *Leç. Fam. nat.*, 58. — STRASB., *Conif.*, 19, 227, t. 2. — B. H., *Gen.*, III, 32, n. 16. — EICHL., *loc. cit.*, 108, fig. 67.
5. *Xylophyllarum* more. Inflorescentiæ fœmineæ sunt cladodia eadem angustiora crassioraque; dentibus folia floresque gerentibus.
6. HOOK. F., *N. Zeal. Fl.*, t. 53; *Handb. N. Zeal. Fl.*, 259 (*Phyllocladus*). — CARR., in *Rev. hort.* (1867), 341, c. xyl. (*Phyllocladus*). — BENTH., *Fl. austral.*, VI, 245 (*Phyllocladus*). — HOOK., *Icon.*, t. 549, 551, 889 (*Phyllocladus*). — *Fl. serres*, t. 1331 (*Phyllocladus*).

II. CUPRESSEÆ.

6. Cupressus T. — Flores monœci; masculorum columna intra folia suprema subsessili, oblonga v. cylindracea staminaque decussatim opposita gerente; filamento brevi; connectivi appendicula squamiformi, suborbiculari v. ovata, plus minus peltata; antheræ loculis sub appendicula deorsum prominentibus 2-6, 2-valvibus. Amentorum fœmineorum bracteæ 3-6-seriatim oppositæ, in serie exteriore interdumque superiore steriles; fertiles autem plerumque 4-6, late demum ovatæ, et in axilla gynœcea ∞ gerentes, axeos ibi incrassatæ prominentiæ inserta et in cymam contractam disposita, erecta; stylo brevi pervio, apice plus minus conspicue 2-dentato. Strobilus globosus lignosus; bracteis valde incrassatis, ad apicem peltato-dilatatis, nunc breviter muricatis v. umbonatis, primum arcte contiguis demumque hiantibus et post fructus delapsos longe persistentibus. Samaræ axillares ∞, erectæ oblongæ, coriaceæ v. subinduratæ, utrinque plus minus in alam marginalem dilatatæ. Semen erectum albuminosum; embryonis inversi cotyledonibus 2, v. rarius 3, 4. — Arbores v. frutices sempervirentes; foliis persistentibus parvis squamiformibus adnato-decurrentibus, appressis v. leviter patentibus, oppositis et decussato-imbricatis, rarius in ramulis sterilibus acicularibus, nuncve omnibus subulatis; amentis masculis terminalibus, solitariis v. 2-nis; amentis fœmineis in ramulo brevi solitariis v. nunc plus minus dite fasciculatis. (*Europa austro-or.*, *Asia temp.*, *America bor.-or. et occid.-austr.*) — *Vid. p. 4.*

7. Thuya T.[1] — Flores (fere *Cupressi*) monœci. Strobili ovoidei v. oblongi, nunc subglobosi, bracteæ fertiles 2-4; exteriores 2 v. 4 et intimæ 2 vacuæ. Flores fœminei fructusque sub squamis 2, raro 3, erecti, exalati, v. utrinque alati; ala nunc altera multo majore (*Libocedrus*[2]) et inde spurie apicali. — Arbores v. frutices sempervirentes; foliis oppositis squamiformibus, 4-fariam imbricatis, æqua-

1. *Inst.*, 586, t. 358. — L., *Gen.*, ed. I, n. 935; ed. VI, n. 1078 (*Thuja*). — J., *Gen.*, 413. — ENDL., *Gen.*, n. 1790. — PAYER, *Leç. Fam. nat.*, 53. — H. BN, in *Adansonia*, I, 5, t. 2, fig. 18-21. — PARLAT., in *DC. Prodr.*, XVI, II, 456. — NEES, *Gen. Fl. germ.*, *Monochl.*, n. 11. — CARR.,

Conif., ed. II, 165. — STRASB., *Conif.*, 30, 228, t. 3, 10, 24. — B. H., *Gen.*, III, 426, n. 5. — EICHL., *loc. cit.*, 97, fig. 55, 56.

2. ENDL., *Syn. Conif.*, 42. — PARLAT., in *DC. Prodr.*, XVI, II, 453. — B. H., *Gen.*, III, 426, n. 4.

libus v. alternatim inæqualibus; florum masculorum antheris 2-4. Germen, stylus, fructus, semen et cætera *Cupressi*[1]. (*Orbis utriusque reg. temp.* [2])

8. **Fitzroya** HOOK. F.[3] — Flores (fere *Cupressi*) diœci; masculis (staminibus) columnæ brevi insertis; antherarum spiraliter confertarum stipite brevi tenui; appendicula connectivi squamiformi late orbiculata v. ovata peltata, dorso convexa; loculis 2-4, sub appendice ex parte occultis, deorsum 2-valvibus. Amenta fœminea subglobosa; bracteis 2, 3-seriatis, oppositis v. 3-natim verticillatis; seriei exterioris foliis superioribus subsimilibus; intermediæ majoribus, intus inferne incrassatis v. vacuis; superioris demum adhuc majoribus fertilibus, basi carnosa incrassatis. Germina 2, 3, ad basin squamarum sessilia, erecta compressa; stylo brevi, apice capitellato pervio; ovulo basilari conico atropo. Strobilus globosus; squamis lignosis hiantibus; fructibus squamæ subæqualibus oblongis crustaceis, late 2, 3-alatis; seminis albuminosi embryone recto. — Arbores v. frutices ramosi sempervirentes, foliis parvis decussatim oppositis v. 3-natim verticillatis, laxe v. appresse imbricatis; amentis masculis ad apices inter ramulorum folia summa sessilibus; fœmineis autem terminalibus. (*Chili, Tasmania*[4].)

---

1. Sectiones in genere, sensu nostro, sunt : *Biota* ENDL., *Syn. Conif.*, 46. — PARLAT., in *DC. Prodr.*, XVI, II, 461. — CARR., *Conif.*, ed. II, 92; strobili junioris globosi et maturi subovoidei bracteis fertilibus primum subcarnosis demumque siccis duris, plerumque 4; fructuum ala subnulla. *Chamæcyparis* SPACH, *Suit. à Buff.*, XI, 329. — PARLAT., in *DC. Prodr.*, XVI, II, 463. — CARR., *Conif.*, 860. — EICHL., *loc. cit.*, 100, fig. 59; strobilis maturis globosis duris, apice incrassato-dilatatis; fertilibus 4-6; fructu anguste v. late 2-alato. Ad sectionem referuntur (B. II.) *Retinospora* S. et ZUCC., *Fl. jap.*, II, 36, t. 121-123. — CARR., *Conif.*, 137; et *Chamæpeuce* ZUCC., in *Endl. Enchirid.*, 139; in *Lindl. Veg. Kingd.*, 229 (non DC.). *Thuyopsis* S. et ZUCC., *Fl. jap.*, II, 32, t. 119, 120. — PARLAT., in *DC. Prodr.*, XVI, II, 460; strobilo maturo suberecto globoso; bracteis duris incrassatis, fertilibus 4-8. *Platycladus* SPACH, *Suit. à Buff.*, XI, 333, *Biotam* simul et *Thuyopsin* includens. *Calocedrus* KURZ, in *Trim. Journ.* (1873), 196, t. 133. — *Heyderia* G. KOCH, *Dendrol.*, II, II, 179; charactere *Libocedri*; bracteis strobili interioribus evolutis vacuis.

2. Spec. ad 20. MICHX, *N.-amer. Sylv.*, t. 152, 156.— NUTT., *N.-amer. Sylv.*, t. 111. — LAMB., *Pin., ed. min.*, t. 66, 68, 76. — FORB., *Pin. woburn.*, t. 63. — S. et ZUCC., *Fl. jap.*, t. 117, 118. — HOOK., *Lond. Journ.*, I, t. 18; II, t. 4; III, t. 4. — POEPP. et ENDL., *Nov. gen. et spec.*, III, t. 220. — WATS., *Dendr. brit.*, t. 150, 156. — TRAUTV., *Im. Fl. ross.*, t. 7. — AD. BR. et GR., in *Bull. Soc. bot. Fr.*, XVIII, 140 (*Libocedrus*). — MAXIM., in *Bull. Ac. Pétersb.*, X, 489; *Mél. biol.*, VI, 25. — FR. et SAV., *En. pl. jap.*, 1, 469; 470 (*Biota, Chamæcyparis*). — C. GAY, *Fl. chil.*, V, 405 (*Libocedrus*). — S.-WATS., *Bot. Calif.*, II, 114 (*Chamæcyparis*), 115; *Bot. 40th Parall.*, 335 (*Libocedrus*). — WILLK. et LGE, *Prodr. Fl. hisp.*, I, 21. — *Bot. Reg.* (1842), t. 20. — *Bot. Mag.*, t. 5581.

3. In *Journ. Hort. Soc. Lond.*, VI, 264; in *Bot. Mag.*, t. 4616. — CARR., *Conif.*, 115. — PARLAT., in *DC. Prodr.*, XVI, II, 463. — B. H., *Gen.*, III, 425, n. 3. — EICHL., *loc. cit.*, 95. — *Diselma* HOOK. F., *Fl. tasm.*, I, 358, t. 98. — *Cuprestellata* NELS., *Pin.*, 60.

4. BENTH., *Fl. austral.*, VI, 240 (*Diselma*). — LEME, *Ill. hort.*, I, *Misc.*, 30, c. ic. — *Fl. serres*, VII, 180. — C. GAY, *Fl. chil.*, V, 410. — *Bot. Mag.*, t. 4616.

9. Callitris Vent.[1] — Flores (fere *Cupressi*) monœci v. raro
diœci; masculi e staminibus columnæ tenui insertis; antheris spiraliter
confertis v. subverticillatis, breviter stipitatis; connectivi appendicula
squamiformi, subdeltoidea, ovata v. elliptica, basi truncata v. peltata
suborbiculari; loculis 2-4, nunc suboccultis, deorsum 2-valvibus.
Amenti fœminei bracteæ 4, v. rarius 6-8, plus minus distincte
2-seriatæ. Flores fœminei ad bracteas singulas axillares, erecti,
receptaculo axillari brevi forma vario inserti, glomerulati. Strobilus
globosus v. forma varius; squamis 4-8, æqualibus v. inæqualibus,
induratis erecto-patentibus et valvatim solutis fructusque liberantibus.
Fructus ∞, crustacei, late 2, 3-alati (samaroidei); semine parce
albuminoso; embryonis recti cotyledonibus 2, v. raro 3. — Arbores
v. frutices; ramulis teretibus v. angulatis; foliis oppositis v. 3, 4-
natim verticillatis, nunc acicularibus v. plerumque squamiformibus
crassis carinatis; carinis decurrentibus; amentis masculis ad apices
ramulorum intra folia summa subsessilibus, solitariis v. 2-4-nis;
fœmineis in ramulis abbreviatis solitariis v. paucis. (*Africa, Madagascaria, Oceania*[2].)

10. Actinostrobus Miq.[3] — Flores (fere *Callitris*) monœci v.
diœci; amentis masculis oblongis; antheris 6-fariam verticillatis;
connectivi appendice squamiformi; locellis 3-6. Amenta fœminea
globosa; bracteis 3-natim verticillatis; floribus axillaribus solitariis
v. 2-nis erectis. Strobilus ovoideus v. acuminatus, maturus squamis
intimis auctis induratis 6-valvatim dehiscens; extimis vacuis tenuibus
parum auctis in dorso fertilium arcte appressis, 6-fariam superpositis.
Fructus ovoideo-3-quetri crustacei, late 2, 3-alati. Semen tenuiter
albuminosum; embryonis teretis cotyledonibus radiculæ subæqualibus
v. longioribus. — Frutices ramosissimi; foliis squamiformibus,
3-natim verticillatis acicularibus; amentis masculis axillaribus v.

1. *Dec. gen. nov.* (1808), 10. — L.-C. Rich., *Conif.*, 46, t. 18. — Endl., *Gen.*, n. 1792. — Spach, *Suit. à Buff.*, XI, 342. — B. H., *Gen.*, III, 424, n. 1. — Parlat., in *DC. Prodr.*, XVI, II, 452. — Payer, *Leç. Fam. nat.*, 54. — Eichl., *loc. cit.*, 93, fig. 49-52. — *Frenela* Mirb., in *Mém. Mus.*, XIII, 30. — Spach, *Suit. à Buff.*, XI, 345. — Parlat., in *DC. Prodr.*, XVI, II, 445. — *Octoclinis* F. Muell., in *Trans. Phil. Inst. Vict.*, II, 21, c. ic. — *Leichhardtia* Shepu., *Cat. pl. cult. Sydn.*, 1851 (ex F. Muell.). — *Pachylepis* Ad. Br., in *Ann. sc. nat.*, sér. 1, XXX,

189. — *Parolinia* Endl., *Gen.*, Suppl., I, 1372. — *Widdringtonia* Endl., *Syn. Conif.*, 31. — Parlat., in *DC. Prodr.*, XVI, II, 442.

2. Spec. ad 15. Vahl, *Symb.*, II, t. 48 (*Thuia*). — Desf., *Fl. atl.*, t. 252 (*Thuia*). — Schlchtl, in *Linnœa*, XXXIII, 339, t. 1. — Hook. f., in *Hook. Lond. Journ.*, IV, 145; *Fl. tasm.*, t. 97; *On some of the econ. pl. Marocc.*, 4. — Benth., *Fl. austral.*, VI, 234 (*Frenela*). — Ad. Br. et Gr., in *Bull. Soc. bot. Fr.*, XVI, 127.

3. In *Pl. Preiss.*, I, 641. — B. H., *Gen.*, III, 425, n. 2. — Eichl., *loc. cit.*, 93, fig. 48.

rarius terminalibus sessilibus; amentis autem fœmineis in ramulo brevi solitariis. (*Australia*[1].)

11. Taxodium L.-C. Rich.[2] — Flores monœci; staminum columna oblonga, intra bracteas subsessili; filamentis brevibus; antheris spiraliter confertis; connectivi appendicula late membranacea, basi truncata; loculis 2-9, a stipite pendulis demumque 2-valvibus. Amenta fœminea globosa sessilia; bracteis spiraliter imbricatis, arcte confertis, apice ovato patentibus et fere ad medium e squama adnata carnoso-incrassatis. Gynæcea 2, e basi squamæ erecta; ovulo basilari atropo. Strobilus globosus v. obovoideus induratus; squamis bractea majoribus at cum ea connatis, basi contractis; apice lignoso dilatato orbiculato v. pressione angulato; marginem versus tuberculorum linea sæpe notatis v. lævibus, maturitate hiantibus et post fructuum occasum persistentibus. Fructus coriacei v. subsuberosi, extus nitidi, inæqui-3-angulati v. subalati, basi breviter contracti v. in stipitem hinc alatam attenuati; semine albuminoso. — Arbores ramosæ; ramulis patentibus v. pendulis; foliis subpersistentibus v. deciduis, subspiraliter alternis, aut linearibus distiche patentibus, aut rarius parvis appressis squamiformibus; floribus masculis in ramulis hornotinis subaphyllis racemoso-spicatis; racemis sæpius subpaniculatis; amentis fœmineis in ramulo annotino sparsis. (*America bor.*, *Mexicum*, *China*[3].)

12. Cryptomeria Don.[4] — Flores monœci; masculis (staminibus) in spicam brevem interruptam dispositis; columna oblonga sessili; antherarum[5] spiraliter confertarum stipite brevi; appendicula connectivi late squamiformi peltata; loculis 3-5, sub appendicula occultis, 2-valvibus. Amenta fœminea subglobosa; bracteis arcte imbricatis, spiraliter pauciseriatis, ad medium cum squama carnosula digitato-4, 5-fida connatis. Germina 2-6, ad squamam axillaria

---

1. Spec. 2. Benth., *Fl. austral.*, VI, 239. — F. Muell., *Bard. Exped.*, 19 (*Callitris*). — Parlat., in *DC. Prodr.*, XVI, II, 444. — Hook. *Icon.*, t. 1272.

2. In *Ann. Mus.*, XVI, 298; *Conif.*, 143, t. 10. — Parlat., in *DC. Prodr.*, XVI, II, 440. — Payer, *Leç. Fam. nat.*, 54. — B. H., *Gen.*, III, 429, n. 9. — Eichl., *loc. cit.*, 90, fig. 47. — *Schubertia* Mirb., in *N. Bull. Soc. philom.*, III, 123. — *Glyptostrobus* Endl., *Syn. Conif.*, 69. — *Cupressinnata* Nels., *Pin.*, 61.

3. Spec. 3. Lamb., *Pin.*, ed. min., t. 63. — Forb., *Pin. woburn.*, t. 60. — Nutt., *N.-Amer-Sylv.*, t. 151 (*Cupressus*). — Ten., in *Mem. Acad. ital. Mod.*, XXV, II, 200, c. tab. 2. — *Bot. Mag.*, t. 5603 (*Glyptostrobus*).

4. In *Trans. Linn. Soc.*, XVIII, 166, t. 13, fig. 1; in *Ann. sc. nat.*, sér. 2, XII, 231. — Endl., *Gen.*, n. 1802. — B. H., *Gen.*, III, 428. n. 8. — Parlat., in *DC. Prodr.*, XVI, II, 437, — Eichl., *Pflanzenfam.*, I, 89, fig. 46.

5. Infimis nunc sterilibus.

erecta, aut 3-quetra, aut nonnulla compressa[1]. Strobilus subglobosus; bracteæ apice squamæque lobis induratis echinatis; omnibus demum hiantibus et post fructus delapsos persistentibus. Fructus erecti coriacei, anguste 2, 3-alati. — Arbor sempervirens; foliis persistentibus glabris, spiraliter confertis lineari-falcatis, 3-5-gonis; angulo dorsali decurrente; amentis masculis ad axillas subsessilibus; squamis imbricatis paucis stipatis; amentis fœmineis sub anthesi terminalibus. (*China bor.*, *Japonia*[2].)

III. JUNIPEREÆ.

13. Juniperus L. — Flores monœci v. diœci; masculis (staminibus) in columna spiraliter insertis; antheris arcte approximatis v. laxius distincte oppositis v. 3-natim verticillatis; filamentis brevibus v. brevissimis, nunc tenuibus; connectivi appendicula squamiformi, ovata v. peltata; loculis 2-6, 2-valvibus, sub appendicula occultis v. deorsum prominulis. Amenta fœminea subglobosa; bracteis 3-natim verticillatis v. 2, 3-seriatim oppositis, arcte contiguis. Flores fœminei in axilla bractearum intimarum 1, 2 solitaria v. 2-na, erecta libera, demum bracteis accretis occulta; stylo brevi, plus minus recurvo, apice pervio sæpe inæqui-2-labiato. Strobilus e bracteis conniventibus v. subconferruminatis, carnosis, succulentis v. subfibrosis, drupaceus v. bacciformis, extus lævis v., ob bractearum margines prominentes, rugoso-carinatus. Fructus coriacei, indurati v. ossei, aut liberi, aut in massam duram conferruminati; nucleis 1-spermis; seminis indumento tenui; embryonis albuminosi cotyledonibus 2, v. rarius 3-5. — Arbores v. frutices sempervirentes; foliis oppositis v. 3-natim verticillatis, linearibus acicularibus v. brevioribus adnato-decurrentibus; floribus masculis in amenta simplicia v. composita dispositis, nunc in ramulo minute foliifero insertis. (*Orbis utriusque reg. frigid., temp. et calid.*)

---

1. Ut videtur, sterilia.
2. Spec. 1. *C. japonica* DON. — S. et ZUCC., *Fl. jap.*, II, t. 124, 124 *b.* — FR. et SAV., *En.* *pl. jap.*, I, 469. — HOOK., *Icon.*, t. 668. — *C. elegans* VEITCH. — *C. dacryoides* VEITCH. — *Ssuji* BANKS, *Ic. sel. Kœmpf.*, t. 48.

IV. ATHROTAXEÆ.

14. Athrotaxis G. Don. — Flores monœci; masculi ad stamina reducti in columnam subsphæricam v. oblongam spiraliter conferti; filamentis tenuibus; antheræ loculis 2-6, ab apice filamenti descendentibus; connectivo in appendicem incurvam ovatam, basi truncatam v. leviter peltatam, producto. Amenta fœminea ovoidea v. oblonga; bracteis cum squama axillari adnata arcte confertis, spiraliter imbricatis, basi in stipitem crassiusculam contractis, dorso obtuse carinatis; carina nunc in acumen producta. Flores fœminei sæpius 3-6, plus minus alte affixi, plus minus oblique reversi; germine apice pervio; ovulo basilari reverso. Strobilus induratus, subsphæricus, ovoideus v. breviter oblongus; squamis (duplicibus) apice dilatato umbonato v. breviter nuncve longius mucronato, fructus siccos sæpius 3-6 reversos compressos v. anguste alatos gerentibus. Semen albuminosum; embryone axili, 2-6-cotyledoneo. — Arbores sempervirentes, nunc giganteæ; foliis alternis, brevibus v. sublanceolatis, nunc distiche patentibus; amentis masculis ad apicem ramulorum terminalibus v. ad folia suprema axillaribus; fœmineis autem terminalibus. (*Tasmania, California.*) — *Vid. p.* 10.

15. Belis Salisb.[1] — Flores monœci; masculis (staminibus) in columna cylindracea laxis; filamentis tenuibus; antheris subspiralibus, ∞-seriatis; connectivi appendice squamiformi ovata, haud v. vix peltata incurva; loculis 2-4, ab ima appendice descendentibus, deorsum 2-valvibus. Amenta fœminea subglobosa; squamis subsimplicibus latissime ovatis mucronatis, basi contractis, spiraliter imbricatis, infra medium leviter incrassatis ibique linea transversa lobata prominula notatis. Flores fœminei 3, ibi inserta reversa; stylo brevi; ovulo basilari atropo. Strobilus post anthesin auctus; bracteis ∞, laxe imbricatis, persistentibus, parum induratis, margine tenuibus, apice squarroso-patentibus. Samaræ reversæ oblongæ crustaceæ, ala angusta cinctæ; seminis albuminosi embryone 2-cotyledoneo. — Arbor sempervirens dense foliata; ramis superioribus suboppositis;

1. In *Trans. Linn. Soc.*, VIII (1807), 315. — *Cunninghamia* R. Br., in *Rich. Conif.*, 149, t. 18. — Parlat., in *DC. Prodr.*, XVI, II, 432. — Dicks., in *Edinb. N. Phil. Journ.*, ser. 2, XIII, 19. — B. H., *Gen.*, 435, n. 22. — Eichl., *loc. cit.*, 85, fig. 42. — *Raxopitys* Nels, *Pin.*, 97.

foliis alternis subdistiche patentibus, lineari-lanceolatis acutissimis nitidis; amentis masculis ad apices ramorum ∞, capitatis; singulis basi bractea amplexis; bracteis inferioribus vacuis ∞, involucrum formantibus; amentis fœmineis subglobosis sæpius 2, 3, ad apices ramorum spurie terminalibus. (*China, Japonia*[1].)

16. **Sciadopitys** Sieb. et Zucc.[2] — Flores monœci; masculis (staminibus) ∞, columnæ subsessili affixis, dense spiraliter confertis; filamento brevi; antheræ loculis 2, ab apice filamenti pendulis, rimosis et deorsum 2-valvibus; connectivo in appendicem latam extus convexam subpeltatam ultra loculos obtectos producto. Amenta fœminea subglobosa, demum oblonga; bracteis arcte imbricatis; squama axillari adnata floresque 5-9 reversos ultras medium gerente. Stylus brevis pervius. Strobilus ovoideo-oblongus; squamis intra bracteas breviores adnatas auctis lignosis imbricatis, demum hiantibus persistentibus; margine patente v. subrecurvo. Fructus reversi compressi ovato-elliptici, utrinque marginato-alati; embryone in semine albuminoso 2-cotyledoneo. — Arbor excelsa sempervirens; coma patente ramosa; foliis spurie verticillatis parvis squamiformibus. Phyllodia ad folium axillaria foliiformia linearia rigida, stellatim patentia et in pseudo-verticillum evoluta, demum aut decidua, aut hinc inde in ramum persistentem elongatum evoluta[3]; amentis masculis ad apices ramorum ∞, plerumque dense spicatis; singulis bractea subtensis; amentis fœmineis intra bracteas paucas imbricatas sessilibus. (*Japonia*[4].)

V. NAGEIEÆ.

17. **Nageia** Gærtn. — Flores monœci v. diœci; masculi bracteis paucis parvis imbricatis stipati; columna cylindracea elongata densa v. nunc laxa breviore, supra bracteas stipitata v. sessili. Stamina

1. Lamb., *Pin.*, t. 34; *ed. min.*, t. 53 (*Pinus*). — Forb., *Pin. woburn.*, t. 57 (*Cunninghamia*). — S. et Zucc., *Fl. jap.*, II, t. 103, 104 (*Cunninghamia*). — *Bot. Mag.*, t. 2743 (*Cunninghamia*).

2. *Fl. jap.*, II, I, t. 101, 102. — Parlat., in *DC. Prodr.*, XVI, II, 435. — Strasb., *Conif.*, t. 26. — Eichl., *loc. cit.*, 84, fig. 41.

3. A. Dicks., in *Rep. Bot. Congr. Lond.* (1866), 24; in *Seem. Journ.* (jul. 1866). — Carr., in *Rev. hort.* (1868), 150; (1889), 16.

4. Spec. 1. *S. verticillata* Sieb. et Zucc. — Miq., *Prol. Fl. jap.*, 331. — Fr. et Sav., *En. pl. jap.*, I, 468. — *Fl. serres*, t. 1483. — *Taxus verticillata* Thunb., *Fl. jap.*, 276. — *Pinus verticillata* Sieb.

spiraliter conferta; antherarum sessilium loculis parallelis adnatis, extrorsum v. sublateraliter 2-valvibus; connectivo ultra loculos in appendicem parvam acutam v. oblongo-lanceolatam incurvam producto. Flores fœminei solitarii v. 2-ni; bracteis paucis pedunculo in massam plus minus carnosam adnatis; bractearum infimarum et superiorum apicibus liberis. Germen bractea stipitata ovoidea inclusum reversum; stylo brevi pervio, apice plus minus dilatato. Ovulum basilare atropum. Fructus supra massam basilarem plerumque breviter stipitatus, ovoideus v. globosus, drupaceus v. nuceus; strato exteriore plus minus carnoso; pericarpio vero sicco, indurato v. crustaceo clauso; seminis albumine carnoso; embryonis 2-cotyledonei radicula deorsum spectante. — Arbores v. frutices sempervirentes; foliis variis, angustis v. latioribus; amentis axillaribus et terminalibus; masculis solitariis v. fasciculatis, nunc secus rhachin elongatam laxe spicatis. (*Orbis utriusq. hemisph. austral. reg. extratrop., Asia trop. mont. et or., America trop. mont.*) — *Vid. p.* 11.

18. Dacrydium SOLAND[1].

— Flores (fere *Nageiæ*) diœci; masculis (staminibus) columnæ ovoideæ v. oblongæ insertis; filamentis brevibus v. brevissimis; antheris spiraliter confertis; loculis 2, contiguis adnatis globosis, deorsum liberis, 2-valvibus; connectivo appendice squamiformi parva v. foliiformi coronato. Flores fœminei ad axillas bractearum summarum vix a foliis ramorum diversarum 1-6; singulorum stipite late concavo v. cupulari ad bracteam axillari et ab ea libero, truncato v. crenulato, sæpe latere inferiore fisso. Germen obliquum v. suberectum; stylo brevi, apice pervio plus minus dilatato; ovulo basilari atropo. Fructus ovoideus, demum erectus, intra cupulam auctam sessilis eaque longior, extus tenuiter carnosus, intus crustaceus; seminis orthotropi integumento tenui; albumine æquabili; embryone axili, 2-cotyledoneo. — Arbores v. frutices ramosi sempervirentes; foliis crebris spiraliter insertis, nunc in ramis seu fertilibus seu sterilibus heteromorphis; amentis masculis ad apices ramorum solitariis, inter folia ultima sessilibus; fructibus solitariis terminalibus erectis; cupula in spicis plurifloris sæpe post anthesin lateraliter

1. In *Forst. Pl. escul.*, 80. — ENDL., *Gen.*, n. 1801. — PAYER, *Leç. Fam. nat.*, 59. — PARLAT., in *DC. Prodr.*, XVI, II, 494 (part.). — STRASB., *Conif.*, 227. — EICHL., *loc. cit.*, 106, fig. 66. — *Lepidothamnus* PHIL., in *Linnæa*, XXX, 730. — *Pherosphœra* ARCH., in *Hook. Kew Journ.*, II, 52. — PARLAT., *loc. cit.*, 496. — B. H., *Gen.*, II, 433, n. 18.

protrusa; fructu juniore plus minus obliquo, nec complete reverso. (*Asia et Oceania, Chili*[1].)

19. **Saxegothea** LINDL.[2]—Flores monœci; amentorum masculorum columna cylindracea densa; antheris spiraliter confertis sessilibus, ∞-seriatis, 2-locularibus subdidymis; connectivo exappendiculato; loculis adnatis parallelis, subintrorsum 2-valvibus. Amenta fœminea subglobosa; bracteis erectis acutatis arcte confertis, intus ultra medium carnoso-incrassatis. Germen nisi basi liberum reflexum; stylo brevi. Strobilus globosus carnosus; squamis incrassatis subconnatis, haud v. vix solutis, apice acutatis (strobilus unde muricatus). Fructus reversus ovoideus inæqui-compressus, maturus inæqui-fissus; seminis reversi albuminosi embryone 2-cotyledoneo. — Arbor sempervirens dense comosa; foliis alternis, plerumque distiche patentibus, lineáribus v. anguste lanceolatis, acutis rigidis, subtus albidis; amentis masculis in spicam brevem dispositis; amentis fœmineis terminalibus. (*Chili austr.*[3])

20. **Microcachrys** HOOK. F.[4]—Flores diœci; masculis (staminibus) columnæ oblongæ parvæ insertis; filamentis brevissimis; antheris spiraliter confertis, 2-locularibus; connectivo in appendicem squami-formem incurvam producto; loculis adnatis, deorsum 2-valvibus. Amenta fœminea globosa parva; squamis spiraliter imbricatis, basi contractis, hemisphæricis v. subcucullatis crassiusculis. Flos fœmineus 1, fere ab apice faciei interioris reversus; germine basi disco inæquali, intus altiore, cinctus; ovulo basilari erecto; stylo breviter cylindraceo pervio, apice oblique dilatato. Strobilus parvus subglobo-sus; squamis distinctis contiguis, demum carnosis pulposis[5]; fructu sicco plano-convexo; embryone albuminoso. — Frutex sempervirens ramosissimus prostratus; ramis 4-gonis; foliis parvis squamiformibus

1. Spec. 10-12. LAMB., *Pin.*, t. 41; *ed. min.*, t. 69. — RICH., *Conif.*, t. 2. — FORB., *Pin. wob.*, t. 67. — BL., *Rumphia*, III, t. 172 B, f. 1 C. — HOOK., *Lond. Journ.*, II, t. 2; IV, t. 6; *Icon.*, t. 544 (*Podocarpus?*), 548, 815, 1218, 1219. — HOOK. F., *Fl. tasm.*, t. 100 A (part.); 355, t. 99 (*Pherosphœra*)—BENTH., *Fl. austral.*, VI, 244; 245 (*Pherosphœra*). — KIRK, *in Trans. N. Zeal. Inst.*, t. X, 378 (*Pherosphœra*), 383, t. 18-20. — AD. BR. et GR., in *Bull. Soc. bot. Fr.*, XVI, 328; in *N. Arch. Mus. Par.*, IV, 5, t. 2 (part.). — FRANCH., *Miss. sc. Cap Horn., Bot. pha-*

nér., 365, t. 4 (*Lepidothamnus*). — *Hook. Icon.*, t. 1218, 1219; 1383 (*Phœrosphora*).
2. In *Journ. Roy. Hort. Soc. lond.*, VI, 258, c. xyl. — PARLAT., in *DC. Prodr.*, XVI, II, 497. — B. H., *Gen.*, III, 434, n. 20. — EICHL., *loc. cit.*, 103. — *Squamataxus* NELS., *Pin.*, 168.
3. Spec. 1. *S. conspicua* LINDL. — C. GAY, *Fl. chil.*, V, 411.
4. In *Hook. Lond. Journ.*, IV, 149; *Fl. tasm.*, I, 358, t. 100. — B. H., *Gen.*, III, 433, n. 19. — EICHL., *loc. cit.*, 103, fig. 62.
5. Purpureis.

decussato-imbricatis, obtuse carinatis; amentis masculis ad apices ramulorum solitariis; fœmineis terminalibus. (*Tasmania*[1].)

VI. ARAUCARIEÆ.

21. Araucaria J. — Flores monœci v. diœci; florum masculorum (staminum) columna longe cylindracea; filamentis rigidulis; antheris ∞, dense spiraliter confertis, ∞-seriatis; loculis 6-8, linearibus, ab apice filamenti pendulis, introrsum rimosis; connectivi appendice squamiformi inflexa. Amenta fœminea globosa v. ovoidea; bracteis ∞-seriatis, spiraliter arcte imbricatis, apice acutatis v. acuminatis. Gynæceum reversum, intus sub apice bracteæ usque ad ejus insertionem incrassatæ affixum; stylo brevi; ovulo basilari atropo. Strobilus globosus; bracteis imbricatis, apice induratis, lateraliter attenuatis v. dilatato-alatis. Fructus reversus oblongus siccus; seminis albuminosi embryone 2-4-cotyledoneo. — Arbores altæ sempervirentes; foliis alternis, ∞-seriatis coriaceis, aut squamiformibus laxe imbricatis, aut lanceolatis pungentibus patentibus v. 2-morphis; amentis masculis terminalibus, solitariis v. ad summos ramos fasciculatis. (*America austr., Oceania.*) — *Vid. p. 14.*

22. Agathis SALISB.[2] — Flores monœci v. diœci; masculis (staminibus) columnæ crasse cylindraceæ v. ovoideo-oblongæ insertis; filamentis longiusculis rigidis; antheris spiraliter ∞-seriatis, densissime confertis; loculis 5-∞, e summo filamento pendulis, oblongis v. linearibus, introrsum rimosis; connectivi appendicula squamiformi sursum producta. Amenti fœminei globosi v. ovoidei bracteæ ∞-seriatæ, arcte spiraliter imbricatæ, apice breviter patentes v. late appressæ. Germen 1, v. 2; uno mox abortiente; plus minus alte squamæ affixa appressaque reversa; ovulo basilari atropo; stylo brevi pervio inferiore. Strobilus globosus; bracteis induratis arcte appressis persistentibus, demum hiantibus. Fructus sub bracteis singulis raro 2, v. plerumque 1, 1-lateralis v. spurie medius reversus compressus siccus crasse mem-

1. Spec. 1. *M. tetragona* HOOK. F. — BENTH., *Fl. austral.*, VI, 240. — *Bot. Mag.*, t. 5576. — *Arthrotaxis* (?) *tetragona* HOOK., *Icon.*, t. 560.
2. In *Trans. Linn. Soc.*, VIII, 311, t. 15

(non GÆRTN.). — B. H., *Gen.*, III, 436, n. 23. — DICKS., in *Trans. Soc. bot. Edinb.*, VII, 207, t. 5. — EICHL., *loc. cit.*, 66, fig. 25. — *Dammara* LAMB., *Pin.*, II, 14, t. 6. — RICH., *Conif.*, t. 19. — PARLAT., in *DC. Prodr.*, XVI, II, 374.

branaceus, hinc v. utrinque in alam latam forma variam expansus; seminis reversi testa tenui; embryone albuminoso, 2-cotyledoneo. — Arbores excelsæ resinosæ; ramis subverticillatis; gemmis squamosis[1]; foliis suboppositis ovato-oblongis v. lanceolatis, crasse coriaceis striato-venulosis; amentis masculis axillaribus solitariis, squamis in summo pedunculo confertim decussato-imbricatis stipatis. (*Asia et Oceania trop. et subtrop.*[2])

VII. PINEÆ.

23. Pinus T. — Flores monœci; masculorum (staminum) columna plus minus elongata; antheris spiraliter confertis, ∞-seriatis; filamento sæpius brevi; connectivo ultra loculos rimosos varie v. haud producto; polline utrinque lobulo globoso appendiculato. Amenti fœminei bracteæ ∞, spiraliter imbricatæ; squamis axillaribus variis, plus minus incrassatis v. dilatatis, persistentibus v. deciduis. Flores 2, ima squama axillari inserti reversi, lageniformes; stylis 2 inferioribus brevibus v. elongatis; altero sæpe longiore. Ovulum 1, basilare reversum atropum, apice camera pollinifera varia donatum. Strobilus varius; bracteis immutatis, marcescentibus v. varie accretis. Squamæ axillares lignosæ variæ, fructus 2 reversos basi gerentes pseudosamaroideos (ala e lamina squamæ superficiali constante, sæpe demum soluta); albumine carnoso oleoso; embryonis axilis cotyledonibus 3- ∞. — Arbores v. rarius frutices resinosi, sempervirentes, v. foliis rarius (*Larix*) deciduis. Folia dimorpha : alia parva squamiformia spiraliter ∞-seriata; alia autem acicularia, solitaria v. per 2-5 fasciculata; amentis masculis solitariis v. ad basin innovationum subspicatis, basi bracteis ∞ imbricatis stipatis. (*Orbis utriusque imprim. hemisph. bor. reg. temp., extratrop. et frigid.*) — *Vid. p.* 16.

1. SHATT., *On the scars..... stem Dammar.*, in *Journ. Linn. Soc.* (1888), 441.

2. Spec. 10-12. RUMPH., *Herb. amboin.*, II, 174 (*Dammara*). — LAMB., *Pin.*, ed. 1, t. 38 (*Pinus*); *ed. min.*, t. 54, 55. — FORB., *Pin. woburn.*, t. 58, 59 (*Dammara*). — HOOK., *Kew Journ.*, IV, t. 4 (*Dammara*). — SEEM., *Fl. vit.*, 263, t. 76 (*Dammara*). — F. MUELL., in *Trans. sc. Pharm. Soc. Vict.*, II, 174. — BENTH., *Fl. austral.*, VI, 244 (*Dammara*). — BECC., *Males.*, I, 180 (*Dammara*). — *Fl. serres*, XI, *Misc.*, 75, c. ic. (*Dammara*).—*Bot. Mag.*, t. 5359 (*Dammara*).

VIII? CASUARINEÆ.

24. Casuarina Forst. — Flores 1-sexuales; masculorum perianthi foliolis (v. bracteis) 1-4, 1, 2-seriatim decussatis, basi circumcissis. Stamen 1 (?); filamento in alabastro inflexo, demum porrecto; antheræ majusculæ loculis 2, distinctis, dorso oppositis, longitudinaliter rimosis. Flores fœminei nudi; germine minuto, 1-loculari; styli brevis ramis elongatis linearibus, a basi continue stigmatoso-papillosis. Ovula in loculo aut 2-4, basilaria, placentæ brevissimæ affixa orthotropa erecta; aut hinc 2, placentæ plus minus alte productæ centrali-liberæ basi obliqua affixa; micropyle omnium supera. Fructus in strobilum ovoideum v. cylindraceum conferti; bracteis bracteolisque floralibus auctis induratis sæpius lignosis plus minus coalitis; bracteolis primum valvatim clausis, maturitate apertis. Fructus (achænium) lævis, a latere compressus, apice in alam verticalem medio stylo percursam productus. Semen 1, erectum v. basi oblique affixum; integumento membranaceo; embryonis exalbuminosi recti cotyledonibus æqualibus complanatis; radicula supera brevi. — Arbores v. frutices; ramis ramulisque rigidis, erectis v. pendulis, plerisque deciduis, cylindraceis, verticillatis v. sparsis, 4-gonis, ad nodos sæpius articulatis. Folia ad nodos 4-8, ad squamas reducta parva verticillata appressa, nunc in vaginam brevem connata; costis decurrentibus angulos caulis formantibus; squamis nodi cujusque cum illis nodi inferioris v. superioris alternantibus; floribus masculis in spicas simplices v. compositas, cylindraceas v. 4-gonas, dispositis, ramulos sæpius deciduos terminantibus; fœmineis in spicas v. strobilos globosos v. ovoideos dispositis; spicis in ramis persistentibus terminalibus v. lateralibus; bracteis v. squamis verticillatis; bracteolis 2. (*Asia et Oceania trop., Ins. Mascaren., Ins. Mar. Pacif.*) — *Vid. p.* 22.

CXI

GNÉTACÉES

I. SÉRIE DES GNETUM.

Les *Gnetum*[1] (fig. 84-89) ont des fleurs unisexuées, monoïques ou dioïques. Dans les mâles, le périanthe[2] a la forme d'un sac étroit et

Gnetum Gnemon.

Fig. 85. Bouton mâle.

Fig. 86. Gynécée et (?) disque.

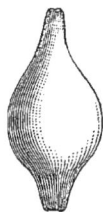

Fig. 84. Inflorescence.

Fig. 87. Fleur femelle.

Fig. 88. Fleur femelle, coupe longitudinale.

Fig. 89. Fleur mâle.

en massue, obtus, à orifice entier ou bilobé et valvaire. De son fond s'élève une colonne grêle, exserte, dont le sommet supporte deux loges d'anthère, libres, sessiles et déhiscentes à leur sommet par une

---

1. *Gnetum* L., *Mantiss.*, 18, n. 1278. — J., *Gen.*, 406. — Griff., in *Trans. Linn. Soc.*, XXII, 299, t. 55, 56. — Endl., *Gen.*, n. 1805. — Bl., *Rumphia*, IV, I, t. 174-176. — Parlat., in *DC. Prodr.*, XVI, II, 348. — Payer, *Leç. Fam. nat.*, 51. — Strasb., *Conif.*, 155, 236, t. 21. — B. H., *Gen.*, III, 419, n. 3. — Eichl., *Pflanzenfam.*, *Lief.* 8, p. 120, fig. 76-78. — *Gnemon* Rumph., *Herb. amboin.*, I (1741), 181, t. 71, 72. — *Thoa* Aubl., *Guian.*, II, 874, t. 366. — *Abutua* Lour., *Fl. cochinch.*, 630.

2. Ou groupe de deux bractées connées.

fente courte. Dans la fleur femelle, il y a un ovaire[1] uniloculaire, surmonté d'un long style tubuleux, souvent denté ou frangé à son sommet et contenant un ovule basilaire, orthotrope, réduit au nucelle. Autour de l'ovaire sont deux enveloppes gamophylles, sacciformes, dont le sommet est perforé pour laisser passer le style. L'extérieure est obtuse ou acuminée, souvent à la fin fendue d'un côté; c'est une sorte d'involucre. L'intérieure est plus courte, incluse entière; c'est peut-être un périanthe. Le fruit est drupacé, oblong ou ovoïde; et la graine albuminée est enveloppée d'une membrane fibreuse. L'embryon est axile, ovoïde-claviforme, et sa radicule supérieure se prolonge en un fil souvent très long et flexueux-intriqué. Les cotylédons sont courts. On distingue une quinzaine de *Gnetum*[2]. Ce sont des arbustes de toutes les régions tropicales des deux mondes, dressés ou plus souvent sarmenteux et grimpants, à tiges noueuses. Les feuilles sont opposées, coriaces, penninerves. Les fleurs sont disposées en épis noueux, terminaux ou axillaires, simples ou composés. Quand elles ne sont pas dioïques, les verticilles qu'elles forment sur les axes des épis sont doubles. L'inférieur est formé de fleurs mâles, accompagnées à leur base de deux bractées connées qui les enveloppaient dans le jeune âge. Le supérieur est formé de fleurs femelles qui peuvent souvent aussi être stériles et neutres.

II. SÉRIE DES EPHEDRA.

Les fleurs des *Ephedra*[3] (fig. 90, 91) sont dioïques ou plus rarement monoïques. Les mâles sont pourvues d'un périanthe (?) formé de deux folioles valvaires et connées, et d'un bouquet d'étamines supportées par un pied commun et représentant une sorte de tête, en nombre qui varie de deux à une dizaine. Les anthères, supportées chacune

---

1. Ovule des gymnospermistes.
2. WIGHT, *Icon.*, t. 1955. — TUL., in *Mart. Fl. bras.*, IV, I, 399, t. 102-106. — SEEM., *Fl. vit.*, 434. — AD. BR., in *Duperr. Voy., Bot.*, t. 1. — MIQ., *Fl. ind. bat.*, II, 1066. — WELW., in *Trans. Linn. Soc.*, XXVII, 73. — HOOK. F., *Fl. brit. Ind.*, V, 641. — BECC., in *N. Giorn. bot. ital.*, IX, 91, t. 7.
3. T., *Inst.*, 668, t. 477. — L., *Gen.*, ed. I, n. 766; ed. VI, n. 1136. — J., *Gen.*, 411. — SPACH, *Suit. à Buff.*, XI, 187. — C.-A. MEY.,

Mon. Ephedr., in *Mém. Ac. Pétersb.* (1846), c. tab. 8. — ENDL., *Gen.*, n. 1804. — PAYER, *Leç. Fam. nat.*, 50. — PARLAT., in *DC. Prodr.*, XVI, II, 353. — MIERS, in *Ann. Nat. Hist.*, ser. 3, XI, 252; *Contrib.*, II, 164, t. 75-79. — RICH., *Conif.*, t. 4. — NEES, *Gen. Fl. germ., Monochl.*, n. 13. — STRASB., *Conif.*, 132, t. 14-17, 22. — B. H., *Gen.*, III, 418, n. 2. — EICHL., *loc. cit.*, 116, fig. 72-75. — STAPF, in *Denksch. Kais. Akad. Wiss. Wien*, LVI. — *Chætocladus* NELS., *Pin.*, 161.

par un court filet, sont biloculaires[1]; et chacune de leurs loges s'ouvre à son sommet par un pore qui bientôt se prolonge en bas en une fente longitudinale[2]. Les fleurs femelles se composent essentiellement d'un ovaire uniloculaire qui s'atténue en haut en un long style tubuleux et exsert, dont le sommet est fendu d'un côté ou se partage en deux lobes. Au fond de l'ovaire se trouve un ovule orthotrope, dressé, réduit au nucelle, semblable à celui des Conifères.

Ephedra altissima.

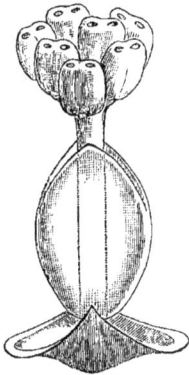

Fig. 90. Fleur mâle.

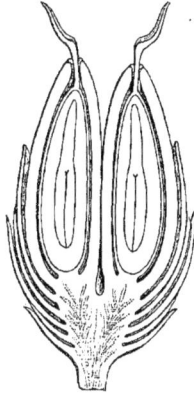

Fig. 91. Fruit, coupe longitudinale.

Autour de cet ovaire est un sac charnu qui l'enclôt complètement et laisse sortir le style par un pertuis apical[3]. Généralement il y a deux ou trois fleurs femelles ainsi constituées dans un involucre formé d'un nombre variable de bractées décussées et connées par paires, qui s'échelonnent sur un court axe commun; mais la fleur femelle peut aussi y être solitaire. Le fruit est sec, membraneux, mince, surmonté des restes du style, mais il est entouré d'une induvie charnue et colorée. Il renferme une graine dressée, à tégument très mince, à albumen abondant, charnu, avec un embryon axile, un peu plus court; les cotylédons semi-cylindriques, presque égaux en longueur à la radicule supère.

On distingue une trentaine d'*Ephedra*[4]. Ce sont des arbustes dressés ou grimpants, à branches fasciculées et nombreuses, articulées au niveau des nœuds et portant des gaines très courtes ou divisées en languettes profondes et opposées. Les inflorescences mâles sont

---

1. Rarement à trois loges, avec, dans ce cas, trois fentes rayonnantes à partir du centre.

2. Le pollen est (H. Mohl) ellipsoïde, avec six sillons longitudinaux.

3. On a supposé qu'il représentait un androcée stérile.

4. Sibth., *Fl. græc.*, t. 961. — Desf., *Fl. atl.*, t. 253. — Pall., *Fl. ross.*, t. 83. — Brand., *For. Fl.*, t. 69. — Tul., in *Mart. Fl. bras.*, IV, 1, 404, t. 107. — Wedd., in *Ann. sc.*

nat., sér. 3, XIII, 251. — Fr. et Sav., *En. pl. jap.*, I, 464. — C. Gay, *Fl. chil.*, V, 399. — S.-Wats., *Bot. Calif.*, II, 108; *Bot. 40th Parall.*, 328, t. 39. — Willk. et Lge, *Prodr. Fl. hisp.*, I, 23. — Wats., *Dendrol. brit.*, t. 142. — Lange, *Ic. pl. hisp.*, t. 32. — Boiss., *Fl. or.*, V, 712. — Hook. f., *Fl. brit. Ind.*, V, 640. — Reichb., *Ic. Fl. germ.*, t. 539. — Bertol., *Misc. bot.*, XXIII t. 3. — Will. Dauph., III, 816. — Gren. et Godr., *Fl. de Fr.*, III, 160.

insérées dans l'aisselle de ces gaines ou groupées au sommet des axes, en grappes ou épis composés. Ceux-ci portent des bractées opposées et décussées, connées par paires à leur base et d'autant plus courtes qu'elles sont plus inférieures. Les fleurs sont solitaires dans leur aisselle. Dans l'épillet femelle, la fleur ou le groupe de deux ou trois fleurs est terminal. Autour des fruits, les bractées épaissies deviennent; souvent plus ou moins charnues et colorées. Une fleur femelle stérile peut çà et là terminer l'inflorescence mâle. Les *Ephedra* croissent dans le sud de l'Europe et le nord de l'Afrique, l'Asie tempérée et sous-tropicale, l'Amérique extratropicale et les Andes des deux Amériques.

III. SÉRIE DES TUMBOA.

Les fleurs des *Tumboa*[1] (fig. 92, 93) sont dioïques. Les mâles ont, sur un petit réceptacle convexe, un calice (?) membraneux, comprimé d'arrière en avant, à deux lobes valvaires, l'un antérieur et l'autre postérieur. L'androcée est monadelphe, en forme de tube épais, surmonté de la portion libre de six filets qui supportent chacun une anthère déhiscente en dedans par trois fentes confluentes au centre, dont une supérieure et deux inférieures. Le gynécée supère est formé d'un ovaire conique, surmonté d'un long style flexueux et tubuleux que termine en haut une large dilatation peltée et concave. Il renferme un ovule conique, basilaire, dressé, orthotrope, dont sa cavité est remplie, mais qui demeurera stérile. Dans la fleur femelle, il y a un périanthe (?) gamophylle, largement aplati d'arrière en avant par la pression des bractées de l'inflorescence, dilaté en aile de chaque côté et perforé à son sommet d'un orifice que traverse le style. L'ovaire, inclus, conique, se prolonge en un style exsert, tubuleux, à sommet bidenté. Il renferme un ovule dressé, analogue à celui de la fleur mâle, mais fertile. Le fruit[2] est comprimé-ailé, comme l'ovaire, entouré du périanthe devenu fibreux. La graine renferme, sous un mince tégument, un albumen granuleux, avec un embryon axile,

1. Welw., in *Gardn. Chron.* (1861), 74, 1007; in *Journ. Linn. Soc.* (1861), 185. — O. K., *Revis.*, 797. — *Welwitschia* Hook. f., in *Trans. Linn. Soc.* (1863), 1. — Strasburg., *Conif.*, 91, 141, 235, 375, t. 18-20. — M'Nab, in *Trans. Linn. Soc.*, XXVIII, 507, t. 40. — Parlat., in *DC. Prodr.*, XVI, II, 359. — B. H., *Gen.*, III, 418, n. l. — Eichl., *Pflanzenfam.*, *Lief.* 8, p. 123, fig. 79-81.

2. Finalement tout à fait sec.

linéaire, cylindrique, à courts cotylédons appliqués l'un contre l'autre, et à radicule supère, plus longue, renflée et charnue à son sommet. Le filament suspenseur, allongé et flexueux, qui la termine est aussi développé que dans les *Gnetum*.

On ne connaît qu'un *Tumboa*[1], des plaines arides de l'Afrique austro-occidentale. C'est une plante à tronc ligneux[2], épais, dilaté

Tumboa (Welwitschia) Bainesii.

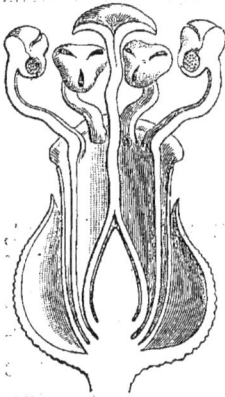

Fig. 92. Fleur mâle, coupe longitudinale.

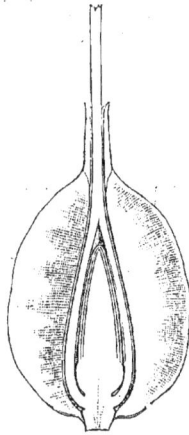

Fig. 93. Fleur femelle, coupe longitudinale.

dans sa partie supérieure à la façon d'un vaste champignon. A la périphérie de cette sorte de plateau s'insèrent deux grandes feuilles opposées qu'on a considérées comme représentant des cotylédons persistants et accrus (?). Elles atteignent plusieurs pieds de long, ont des nervures longitudinales parallèles et sont plus ou moins déchirées en lanières dans le sens de ces nervures. En dedans de ces feuilles naissent les inflorescences, de la surface supérieure du tronc. Ce sont des axes rigides, composés et dichotomes, qui se dressent chargés d'écailles opposées, engainantes, au niveau des dichotomies. Les divisions portent des épis mâles fasciculés ou terminaux, sessiles, avec des bractées opposées ou parfois ternées, plus rarement disposées sur quatre, cinq ou six rangées. Chaque fleur mâle occupe l'aisselle d'une de ces bractées, et il en est de même des fleurs femelles, dont le style est exsert, ainsi que, dans les châtons mâles, les étamines. Sur les côtés de la fleur mâle, il y a deux bractéoles étroites, arquées et concaves-carénées.

1. *T. Bainesii* Hook. f., in *Gardn. Chron.* (1861), 1088. — *Welwitschia mirabilis* Hook. f., in *Gardn. Chron.* (1863); in *Bot. Mag.*, t. 5368, 5369. — Grœnl., in *Rev. hort.* (1863), 117, 429, c. ic. — *W. Bainesii* Carr., *Conif.*, éd. II, 783.

2. Sur les cristaux abondants de cette plante, Solms, in *Bot. Zeit.* (1871), 509.

La famille fut distinguée par BLUME[1] en 1833, sous le nom de Gnétées. C'est LINDLEY[2] qui, trois ans plus tard, lui donna le nom de Gnétacées. Longtemps on n'y admit que les *Gnemon*, plus connus sous le nom de *Gnetum*, et dont A.-L. DE JUSSIEU faisait des Urticées, et les *Ephedra*, qu'il plaçait en tête des Conifères. En 1863, J. HOOKER[3] y adjoignit le *Tumboa*, sous le nom de *Welwitschia*. C'est certainement des Conifères que ce petit groupe est le plus voisin. Les fleurs y sont un peu plus parfaites, car les bractées supérieures y prennent l'apparence d'un périanthe. Dans le *Tumboa*, la fleur mâle, analogue à celle des Polygonacées, a au centre un gynécée, bien qu'il soit stérile, et l'ovaire des deux autres genres est entouré d'un sac qui représente, pour bien des auteurs, un androcée rudimentaire. Ce sont des plantes tropicales et des régions tempérées. Les *Gnetum* et les *Ephedra* appartiennent aux deux mondes. Le *Tumboa* n'occupe en Afrique qu'une région aride limitée. Les tissus de ces plantes présentent des particularités remarquables[4]. On admet une quarantaine d'espèces dans l'ensemble de ces genres qui forment chacun une série :

I. GNÉTÉES. — Fleurs en épis chargés de faux verticilles. Tiges ligneuses, à feuilles opposées, développées. Androcée 2-mère. Gynécée à double enveloppe. — 1 genre.

II. EPHÉDRÉES[5]. — Fleurs mâles opposées et solitaires à l'aisselle des bractées. Fleurs femelles terminales 1-3. Tiges herbacées, à feuilles réduites à des écailles. Androcée 2- ∞-mère. — 1 genre.

III. TUMBOÉES[6]. — Fleurs des deux sexes solitaires à l'aisselle des bractées. Fleur mâle 6-andre, à gynécée stérile. Fleur femelle enfermée dans un sac comprimé, ailé. Tige épaisse, ligneuse, dilatée et diphylle sur les bords. — 1 genre.

Les usages[7] de ces plantes ne sont pas très nombreux. Dans l'Indo-Chine, les *Gnetum* sont des plantes à écorce textile et dont on fait

---

1. *Nov. fam. Exp.*, in *Ann. sc. nat.*, sér. 2, II, 101.
2. *Nat. Syst.*, ed. II, 311. — ENDL., *Gen.*, 262, Ord. 79. — B. H., *Gen.*, III, 417, Ord. 164. — EICHL., *loc. cit.*, 116. — STRASB., *Die Conif. u. die Gnetaceen* (1872); *Die Angiosp. u. die Gymnosp.* (1879).
3. In *Trans. Linn. Soc.*, XXIV, 1, c. tab. 14. — *Bot. Mag.*, t. 5368, 5369.
4. WALT. E. EVANS, *Stem Ephedr.*, in *Bot. Gaz.*, XIII (oct. 1886). — EICHL., *loc. cit.*,

118; 119 (formation de l'embryon), 121, 125, 126.
5. REICHB., *Consp.*, 79 (part.) ; *Fl. exc.*, 156 (*Taxinearum* Div.). — *Ephedrinæ* NEES, ex KOCH, *Syn.*, 644. — *Ephedraceæ* DUMORT., *Anal. fam.*, 11 (part.).
6. *Welwitschiaceæ* CARUEL, in *Nuov. Journ. Bot. ital.* (1879), 16.
7. ENDL., *Enchirid.*, 146. — LINDL., *Veg. Kingd.*, 234. — ROSENTH., *Syn. plant. diaphor.*, 174, 1102.

des chaussures. Le *G. funiculare* RUMPH. est fébrifuge, résolutif et désobstruant; on emploie ses racines et les bases de ses tiges. Aux Moluques, on fait des filets avec l'écorce du *G. Gnemon*[1] (fig.84-89); les feuilles et les fruits se mangent comme légumes. Le *G. ovalifolium* POIR.[2] a les mêmes propriétés. Le *G. urens*[3] a des graines comestibles. Ses fruits portent des poils courts qui garnissent l'intérieur de leur cavité et produisent des piqûres brûlantes. Sa tige laisse écouler par incisions une sorte de gomme transparente et aussi une sève aqueuse, insipide, qui sert de boisson. En Europe et en Asie, on conservait les fruits induviés des *Ephedra* comme médicaments styptiques. Dans nos espèces indigènes, ils sont mucilagineux, un peu acides et piquants. Ceux de l'*E. distachya*[4] passent pour fébrifuges et antiputrides. Les sommités de la plante sont employées comme astringentes. Les fruits de l'*E. monostachya* L. se confisent dans l'alcool et servent à préparer des liqueurs fermentées. Ils sont aussi employés en médecine[5]. Le *Canutillo* du Texas, appliqué à divers usages domestiques, est l'*E. trifurca*. Au Mexique, on emploie comme dépuratif l'*E. antisyphilitica* C.-A. MEY[6].

---

1. L., *Mantiss.*, 125. — BL., in *Ann. sc. nat.*, sér. 2, II, 105. — AD. BR., in *Duperr. Voy. Bot.*, 6, t. 1. — *Gnemon domestica* RUMPH., *Herb. amboin.*, I, 181, t. 71, 72 (*Gnemon, Medinjo, Utta Soâ*). Le *G. sylvestre* en est une variété.

2. L'*Ula* de RHEEDE est le *G. edule* BL. ou *G. scandens* ROXB., *Fl. ind.*, III, 518. — *Funis gnemoniformis* RUMPH. — *Thoa edulis* W., plante alimentaire (*Walisoa, Tali-gnemon, Tankil Assu*).

3. *Gnetum Thoa* R. BR., in *King It. austral.*, II, 555. — *Thoa urens* AUBL., *Guian.*, II, 874,

t. 336 (*Thoa*). Dans l'Afrique tropicale occidentale, on emploie le bois du *N'coco* ou *Gnetum africanum* WELW., in *Trans. Linn. Soc.*, XXVII, 73.

4. L., *Spec.*, 1472. — GREN. et GODR., *Fl. de Fr.*, III, 160. — *E. vulgaris* RICH., *Conif.*, 26 (part.). Les fruits de cette espèce et de beaucoup d'autres étaient jadis les *Uva maritima*.

5. Voy. *Amer. Journ. Pharm.* (1890), 317.

6. S.-WATS., *Bot. 40th Parall.*, 328, c. tab. Sont comestibles aussi les fruits des *E. andina* POEPP. (*Frutilla del campo*), *americana* H. B. K., etc.

GENERA

I. GNETEÆ.

1. **Gnetum** L. — Flores 1-sexuales; masculorum perianthio (?) lineari-clavato, apice obtuso, integro v. 2-fido, valvato. Andro-cæi loculi 2, distincti, ad apicem filamenti columnaris ex ore exserti sessiles, vertice 2-valvatim dehiscentes. Floris fœminei perianthium (?) ex utriculis 2, apice foramine parvo perviis; utriculo exteriore gamophyllo sacciformi, apice obtuso v. breviter acuminato, demum hinc fisso; interiore autem exteriore incluso eoque paulo breviore. Germen liberum, utriculo interiore inclusum, 1-loculare, apice in stylum tenuem tubulosum longe exsertum et apice pervio sæpe dentatum v. fimbriatum productum. Stylus in floribus fœmineis imperfectis (« quasi neutris ») subnullus. Fructus siccus, utriculis in drupam accretis inclusus, semen erectum et plus minus coalitum includens; albumine copioso carnoso; embryonis axilis et ovoideo-clavati radicula in filum funiculiforme sæpius longissimum et intricato-flexuosum producta; cotyledonibus inferioribus brevibus 2. — Arbores v. frutices, erecti v. alte scandentes, glabri nodosi; foliis oppositis coriaceis penninerviis; floribus in spicam densam v. inter-ruptam nodosam dispositis; spicis axillaribus et terminalibus, simplicibus, compositis v. fasciculatis; masculis intra cupulam e bracteis 2 oppositis connatis formatam spurie verticillatis sessilibus; singulis pilis articulatis v. pulvino velutino cinctis v. ex parte immer-sis; fœmineis v. imperfectis verticillum spurium præcedenti inte-riorem formantibus. (*Asia, Africa, Oceania et America trop.*) — *Vid. p.* 46.

II. EPHEDREÆ.

2. Ephedra T. — Flores sæpius diœci; masculorum perianthio (?) gamophyllo, apice 2-lobo; lobis antico posticoque, valvatis. Androcæi columna centralis exserta, apice antheras 2-8 gerens. Antherarum loculi 2, v. raro 3, vertice poro terminali mox in rimam extenso dehiscentes. Flores fœminei intra bracteas summas terminales 1, 2, v. raro 3. Germen liberum, basi cum ovulo leviter adhærens extusque nunc in discum hypogynum tenuem incrassatum, apice in stylum tenuem tubulosum pervium longe exsertum et apice hinc fissum v. 2-lobum, productum. Ovulum basilare orthotropum. Saccus germini exterior ovoideo-conicus, crassus, apice pervius (« androcœi rudimentum » ?). Fructus siccus membranaceus, sæpe stylo persistente connatus et sacco carnoso indutus. Semen atropum; albumine copioso carnoso; embryonis axilis cotyledonibus semiteretibus oblongis; radicula supera subæquali v. longiore. — Frutices erecti v. scandentes ramosissimi nodosi; foliis ad vaginas minimas v. utrinque in squamulas oppositas lineares productis; spiculis subglobosis parvis, ad axillas vaginarum pedunculatis v. terminali-compositis; bracteis decussatis imbricatis; floribus masculis ad axillas bractearum omnium solitariis; spicularum fœminearum bracteis decussatis, a basi ad apicem majoribus et, exceptis summis, sterilibus. Flos fœmineus sterilis nunc in spicula mascula terminalis. (*Europa austr., Africa bor., Asia temp. et subtrop., America extratrop. et andin. utraque.*) — *Vid. p.* 47.

III. TUMBOEÆ.

3. Tumboa WELW. — Flores diœci; marium perianthio (?) gamophyllo compresso, 2-lobo; lobis valvatis antico posticoque. Stamina hypogyna 6; filamentis inferne in tubum latum brevemque obconicum 1-adelphis, superne liberis flexuosis; anthera terminali peltata, vertice poris 3 mox in rimas radiato-confluentibus dehiscente. Germen sterile liberum centrale conico-ovoideum; stylo tubuloso flexuoso, apice valde concavo-dilatato. Ovulum basilare conicum atropum sterile. Floris fœminei perianthium (?) gamophyllum valde inter bracteam axinque compressum, apice foramine minuto stylo pervium, lateraliter utrinque in alam latam dilatatum. Germen 1-loculare, superne in stylum elongatum flexuosum apiceque subulatum pervium productum. Ovulum basilare sessile ovoideo-oblongum obtusum atropum. Fructus siccus, perianthio (?) compresso et 2-alato inclusus. Semen 1, erectum; albumine granuloso; embryone axili lineari-tereti; cotyledonibus 2, parvis, sibimet arcte applicitis; radicula longiore supera, apice incrassata. — Planta erecta; trunco longævo brevi crasso, apice in peltam latam concavam cupularem dilatato; foliis 2 ad trunci dilatationis marginem oppositis persistentibus (pluripedalibus) et in segmenta longa læviformia dilaceratis. Inflorescentiæ e cupula caulis ortæ marginales aphyllæ, rigide 2-chotome ramosæ; squamis oppositis ad dichotomias vaginantibus; spicis amentiformibus (coloratis); masculis ad apices ramulorum v. in dichotomiis sessilibus fasciculatis; fœmineis paucioribus crassioribus, sæpius breviter stipitatis; bracteis squamiformibus oppositis v. rarius 3-natim verticillatis; 4-fariam v. rarius 6-fariam imbricatis, 1-floris. (*Africa trop. austro-or.*) — *Vid. p. 49.*

CXII

CYCADACÉES

I. SÉRIE DES CYCAS.

Les *Cycas*[1] (fig. 94-99) ont des fleurs dioïques. Les mâles sont groupées en un cône pédonculé, de forme variable, et dont l'axe porte un grand nombre d'écailles imbriquées, multisériées. Leur sommet

Cycas circinalis.

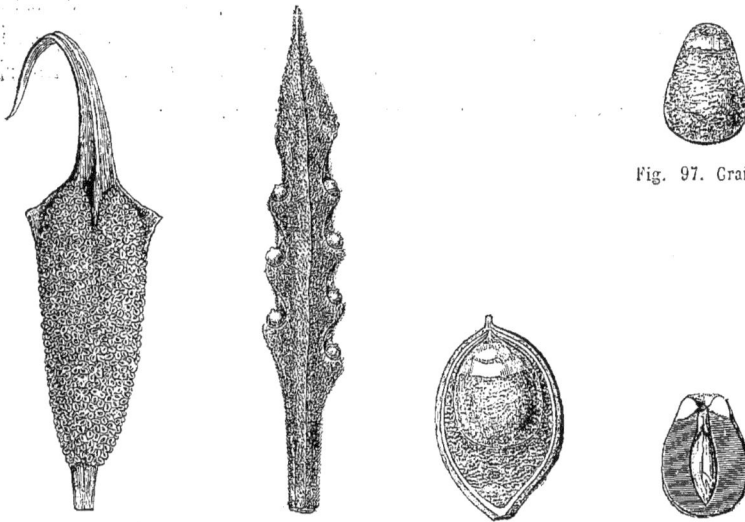

Fig. 97. Graine.

Fig. 94. Écaille staminigère.

Fig. 95. Inflorescence femelle.

Fig. 96. Fruit.

Fig. 98. Graine, coupe longitudinale.

se dilate plus ou moins et se termine en une pointe ascendante, courte ou plus ou moins allongée. Plus bas, et dans une grande étendue, la face inférieure de l'écaille porte un grand nombre de sacs

1. L., *Hort. Cliff.*, 482; *Gen.*, ed. VI, n. 1222. — J., *Gen.*, 16. — RICH., in *Ann. Mus.*, XVI, 299; *Conif.*, 197, t. 24-26. — MIQ., *Comm. phyt.*, III, 111; *Mon. Cycad.*, 21. — ENDL., *Gen.*, n. 704. — A. DC., *Prodr.*, XVI, II, 525. — PAYER, *Leç. Fam. nat.*, 52. — B. H., *Gen.*, III, 444, n. 1. — EICHL., *Pflanzenfam.*, Lief. 3, p. 21, fig. 3-5, 7 A-C, 8, 10, 11.

ou loges pollinifères, isolées ou groupées par deux-quatre et déhiscentes par des fentes longitudinales[1]. Les fleurs femelles sont portées
sur de grandes lames allongées, souvent foliiformes[2], dont le sommet
s'aplatit et prend la forme d'une plaque orbiculaire, ovale-lancéolée,
entière ou serrée, frangée ou pectinée. Sur ses côtés se voient, à droite
et à gauche, deux ou plusieurs cous-
sinets, souvent distants, qui portent
chacun une fleur femelle[3]. Celle-ci
consiste en un ovaire dressé, sessile,
surmonté d'un style court et béant.
Dans sa cavité se voit un ovule basilaire, orthotrope et dressé, dont le
sommet, correspondant à l'orifice
d'une chambre pollinique, est libre
à tout âge, tandis que sa portion
inférieure, libre aussi au début,
affecte avec la paroi ovarienne une
adhérence qui s'étend avec l'âge[4].
L'ovaire devient alors un fruit[5] drupacé, globuleux ou ovoïde, à chair
plus ou moins abondante, à noyau
dur, contenant une graine[6] à albumen charnu, au centre duquel se
trouve un embryon renversé, axile,
à radicule supère, se continuant
avec un long fil suspenseur tordu en
spirale, et à cotylédons inférieurs,
unis par leurs bords et laissant, lors
de la germination, sortir la gemmule
accrue par une fente latérale.

Cycas revoluta.

Fig. 99. Inflorescence femelle.

Les *Cycas* sont des arbres, souvent élevés, des régions tropicales
de l'ancien monde. Leur tronc est cylindrique, indivis ou parfois
dichotomiquement ramifié. Sa surface est couverte des bases indurées
et persistantes des prophylles et des feuilles. Celles-ci sont rappro-

1. Sur le pollen, GUIGN., in *Journ. bot. Mor*.
1889), 222, 229.
2. Représentant peut-être, comme dans les
Palmifoliées, un double organe déformé.
3. Ovule des gymnospermistes.

4. Comme dans les Conifères.
5. SM., in *Linn. Trans.*, VI, 312, t. 29. —
MIRB., in *Ann. Mus.*, XVI (1810), t. 20.
6. Une calotte tégumentaire couvre le
sommet libre de cette graine.

chées et subverticillées vers le sommet de la tige ou de ses divisions, entremêlées de prophylles allongées et subulées. A leur pétiole fait suite un limbe penné, dont les pinnules sont linéaires-oblongues, uninerves et entières. Les inférieures sont parfois réduites à des épines. Les autres sont involutées-circinées dans la préfoliaison. Les cônes mâles sont latéraux dans un bourgeon. Les lames florifères femelles constituent par leur réunion un vaste bourgeon terminal, dont l'axe, après avoir porté les lames florifères, continue à végéter et porte latéralement de nouvelles feuilles et prophylles. On distingue dans le genre une quinzaine d'espèces[1].

II. SÉRIE DES ZAMIA.

Les *Zamia*[2] (fig. 100-104), ultérieurement nommés *Palmifolia*[3], ont des fleurs dioïques. Les mâles sont disposées en cônes cylindriques-oblongs, dont l'axe porte un grand nombre d'écailles superposées sur des séries multiples, et se touchant par leurs bords. Chacune d'elles a un pied épais et un sommet fortement dilaté-pelté, tronqué en haut, hexagonal ou heptagonal sur les côtés, portant inférieurement et latéralement, de même que sur son pied, de nombreuses loges d'anthère sessiles. Les fleurs femelles sont disposées en un cône plus épais, et la portion dilatée de ses écailles[4] porte de chaque côté une fleur femelle renversée, sessile, construite comme celle des *Cycas*. Le fruit[5] renversé est aussi une drupe analogue. On décrit une trentaine d'espèces[6] de ce genre. Elles ont un tronc dressé, souvent court,

1. Dup.-Th., *Hist. vég. isl. Afr.*, t. 1, 2. — BL., *Rumphia*, t. 176b, 176c. — Griff., *Ic. pl. as.*, t. 360-362, 377, 378. — Rheede, *H. malab.*, III, t. 13-21 (*Todda panna*). — Rumph., *Herb. amboin.*, t. 20-24 (*Arbor catappoides*). — Oudem., in *Arch. néerl.*, II, t. 1-3. — Miq., *Anal. ind.*, t. 5; in *Linnæa*, XVIII, t. 4-6; XIX, t. 1. — Benth., *Fl. austral.*, VI, 249. — Reg., in *Act. H. petrop.*, IV, 279. — T. Dyer, in *Trans. Linn. Soc.*, ser. 2, II, 85, t. 17. — Hook. F., *Fl. brit. Ind.*, V, 656. — Leme, *Ill. hort.* (1864), t. 405 bis. — *Fl. serres*, t. 2118, 2119. — *Fl. jard.*, V, t. 129. — *Bot. Mag.*, t. 2826, 2827, 2963, 2964.

2. L., *Spec.*, ed. II (1763), n. 1659; *Gen.*, ed. VI, n. 1227. — L. F., *Suppl.*, 68. — J., *Gen.*, 16. — Gærtn., *Fruct.*, I, 15, t. 3. — Rich., in *Ann. Mus.*, XVI, 299; *Conif.*, 198, t. 27, 28. —

Endl., *Gen.*, n. 706. — Payer, *Leç. Fam. nat.*, 52. — Miq., *Mon. Cycad.*, t. 7, 8. — B. H., *Gen.*, III, 447, n. 9. — Eichl., *loc. cit.*, 22, fig. 5 B; 7 F. — *Aulacophyllum* Reg., *Gartenfl.* (1876), 141; in *Act. H. petrop.*, IV, 300.

3. Trew, *Pl. sel. pict. Ehret.*, Dec. 3, p. 5, t. 26 (1771). — O. K., *Revis.*, 803. — *Palmafilix* Trew. — Adans., *Fam. des pl.*, II, 21.

4. Qui sont des organes doubles, comprenant la bractée axillante et la véritable écaille axillaire, connée et entraînée avec elle. C'est cette dernière qui seule porte les fleurs femelles, comme on le verra mieux dans d'autres genres, notamment dans les *Dioon*.

5. Mirb., in *Ann. Mus.*, XVI (1810), t. 21.

6. Jacq., *H. schœnbr.*, t. 397, 398; *Ic. rar.*, t. 635. — Wedd., in *Ann. sc. nat.*, sér. 3, V, t. 4. — Michx, *Fl. bor.-amer.*, II, 242. — Miq.,

indivis, lobé ou ramifié, lisse ou chargé de cicatrices, épigé ou en partie enfoncé en terre. Les feuilles se succèdent peu nombreuses sur ce tronc, pennées, à pétiole lisse ou spinulescent, avec des pinnules étroites ou larges, insérées par une large base articulée, entières ou serrées, portant des nervures parallèles, droites dans la préfoliaison; les prophylles souvent dentées. Les cônes sont petits, solitaires,

Zamia integrifolia.

Fig. 100. Écaille mâle, face supérieure.

Fig. 103. Écaille femelle.

Fig. 101. Écaille mâle, face inférieure.

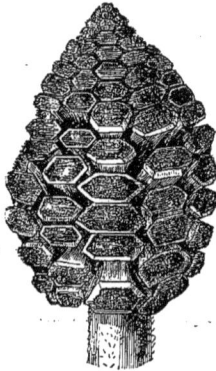

Fig. 102. Cône femelle.

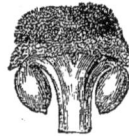

Fig. 104. Écaille femelle fructifère.

géminés ou réunis en plus grand nombre, glabres ou rarement furfuracés. Ce sont des plantes des deux Amériques tropicales et soustropicales.

Le *Microcycas*, de Cuba, très voisin des *Zamia*, a des feuilles pennées, des cônes mâles à écailles plates; les femelles à écailles peltées. Leur tronc cylindrique est chargé de bases de feuilles et de bourgeons.

Les *Ceratozamia* (fig. 105), des deux Amériques, ont le sommet dilaté des écailles pourvu de deux cornes transversales dans les deux sexes. Leurs feuilles sont pennées.

Les *Encephalartos* (fig. 106) donnent leur nom à une sous-série

Cycad. amer., t. 1, 2. — SEEM., *Her. Bot.*, t. 43. — LEME, *Ill. hort.*, t. 133, 134, 195. — EICHL., in *Mart. Fl. bras.*, IV, I, t. 109. — DE VRIES, in *Ann. sc. nat.*, sér. 3, VI, 358. — *Bot. Mag.*, t. 1741, 1838, 1851, 1869, 2006, 5242.

(*Encéphalartées*), caractérisée par des cônes dont les écailles sont
disposées en séries alternantes et imbriquées. Leur tronc, cylindrique
ou ovoïde, est chargé des bases persistantes des feuilles et des pro-

Ceratozamia mexicana.

Fig. 105. Port (jeune).

phylles. Leurs segments foliaires sont pourvus de nervures longitudinales et parallèles. A ce groupe appartiennent encore les *Macrozamia*,

Encephalartos horridus.

Fig. 106. Port.

d'Australie, dont les écailles ne sont pas tronquées et décurvées au
sommet, comme celles des *Encephalartos*, mais ascendantes et pro-
longées en une lame dressée et acuminée ; et les *Dioon*, du Mexique,

qui ont des écailles lâchement disposées, à dilatation terminale ovale-cordée, plate et stipitée (fig. 107). Le pied appartient manifes-tement à un double organe; et l'intérieur, axillaire par rapport à l'autre auquel il est inférieurement adné, se dilate, au-dessus de lui, en une saillie épaissie et arquée sur laquelle s'insèrent les deux fleurs femelles renver-sées.

Dioon edule.

Les *Stangeria*, de l'Afrique australe, orien-tale et sous-tropicale, sont le type d'une sous-série (*Stangériées*) dans laquelle les écailles des cônes sont imbriquées en séries alternatives; les feuilles à segments costés et pourvus de ner-vures qui se dirigent horizontalement de chaque côté de la côte, nombreuses, simples ou parfois fourchues.

Dans l'Australie du Nord-Est, le *Bowenia* constitue aussi à lui seul une petite sous-série (*Boweniées*). Sa tige, en partie souterraine, est nue. Ses cônes ont des écailles valvaires et superposées, comme celles des vraies Zamiées; leur sommet est tronqué et pelté. Mais les feuilles sont, seules dans toute cette famille, bipinnatiséquées.

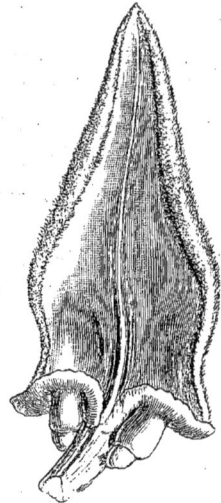

Fig. 107. Bractée et écaille florifère femelles.

Cette famille avait jadis été rapprochée, à cause du port, des Fou-gères arborescentes[1] et des Palmiers. C'est L.-C. Richard qui, en 1807, la distingua sous le nom de Cycadées[2]. Plus tard, elle reçut les noms de *Cycadaceæ*[3] et *Cycadeaceæ*[4]. Souvent attribuée à la Gymnospermie, elle présente des particularités de structure qui ont inspiré un grand nombre de recherches[5]. Aujourd'hui, elle demeure formée de neuf genres, parfois peu distincts, et d'environ quatre-vingts

1. A.-L. Juss., *Gen.*, 16.
2. In *Pers. Syn.*, II, 630; *Comm. bot. Conif. et Cycad.* (1826). — R. Br., *Prodr.*, 346. — Miq., in *Tijdschr. voor Natuurl. Wet.*, II, 280; in *Adansonia*, VIII, IX, 29. — Reg., *Cycad. Rev.* (1876).
3. Lindl., *Nat. Syst.*, ed. II, 312 (1836). — B. H., *Gen.*, III, 443, Ord. 166.
4. Reichb., *Consp.*, 40 (1828). — Endl.,

Gen., 70, Ord. 38 (Cl. *Zamiæ*). — Lindl., *Veg. Kingd.*, 223, Ord. 73. — Eichl., *Pflan-zenfam.*, Lief. 3, p. 6.
5. Voy. notamment: Miq., in *Ann. sc. nat.*, sér. 2, XI, 61 (vernation); XIV, 60; 363 (bourgeons); sér. 3, V, 11 (structure du tronc). — Lestib., in *C. rend. Ac. sc.* (1860); *Bull. Soc. bot. Fr.*, VII, 938 (structure). — Ad. Br., in *Ann. sc. nat.*, sér. 1, XVI, 589 (struc-

espèces. Elle appartient surtout aux régions tropicales des deux mondes, avec quelques représentants dans la zone tempérée de l'Afrique australe et de l'Australie; un seulement au Japon, et un autre dans la portion la plus chaude de l'Amérique du Nord. Elle comprend deux séries :

I. CYCADÉES[1]. — Fleurs femelles dressées, implantées en nombre variable sur les supports qui entourent un bourgeon terminal continuant la tige. — Arbres à feuilles dont les segments sont involutés-circinés dans la préfoliaison. — 1 genre.

II. ZAMIÉES[2]. — Fleurs femelles au nombre de deux, renversées et insérées sur un organe mixte, formé d'une bractée et de son écaille axillaire connées. — Plantes ligneuses, à feuilles dont les segments sont droits, imbriqués dans la préfoliaison. — 8 genres.

USAGES[3]. — Toutes ces plantes sont riches en un suc gommeux qu'on a comparé à l'Adragante et qui s'écoule souvent en abondance des diverses sections. Il est parfois d'une saveur nauséeuse. Dans l'Inde, c'est un médicament. Celui du *Cycas circinalis*[4] (fig. 94-98) s'applique sur les ulcères rebelles et les modifie, dit-on, avec une surprenante rapidité. A l'état frais, il passe pour guérir les affections stomacales, intestinales et les vomissements de sang. Au Malabar, on broie les cônes fructifères et on les applique en cataplasmes sur la région lombaire, contre les affections du rein et l'incontinence d'urine. Les jeunes pousses broyées sont aussi vantées contre la morsure des serpents venimeux. On mange les fruits crus qui passent pour antidiarrhéiques. Jeunes, ils servent à préparer une décoction qui fait vomir et purge. Dans les fêtes de l'Église, on fait servir comme

---

ture de la tige). — KNAUSS, in *Bull. Soc. bot. Fr.*, XIII, *Bibl.*, 102, anal. (structure des frondes). — A. GR., in *Bull. Soc. bot. Fr.*, XIII, 10 (corps reproducteurs). — H. BN, in *Bull. Soc. Linn. Par.*, 522 (support des fleurs femelles). — TRÉC., in *Adansonia*, VIII, 100 (laticifères). — H. MOHL, *Verm. Schrift.*, 195 (structure de la tige). — MIQ., in *Linnæa*, XVIII, 125 (tige des *Cycas*). — METTEN., in *Abh. d. k. sächs. Ges. Wiss.*, VII, 567 (anatomie). — V. TIEGH., in *Ann. sc. nat.*, sér. 5, XIII, 204. — REINKE, *Morphol. Abhandl.* (1873). — PRANTL, *Pflanzenfam.*, *Lief.* 3, p. 10, fig. 3, 4 (anatomie).

1. B. H., *Gen.*, III, 443, Trib. 1.
2. *Encephalarteæ* B. H., *Gen.*, III, 444, Trib. 2. — *Zamiaceæ* REICHB., *Handb.*, 139 (*Anægopteridum* Fam.). — SPACH, *Suit. à Buff.*, XI, 442 (*Cycadearum* Sect.). — *Stangerieæ* B. H., *loc. cit.* (*Encephalartearum* Subtrib. 2).
3. ENDL., *Enchirid.*, 50. — LINDL., *Veg. Kingd.*, 224. — ROSENTH., *Syn. plant. diaphor.*, 162.
4. L., *Spec.*, 1658 (part.). — MIQ., *Mon. Cycad.*, 27. — A. DC., *Prodr.*, XVI, 526, n. 3. — *Toda panna* RHEED., *H. malab.*, III, 9, c. ic. — *Palma polypodiifolia* MILL. (*Palma d'igresia, Armatoria das igresias*, en Portugal).

palmes les feuilles rigides et très élégantes qui servent aussi d'ornement et que la sculpture a souvent imitées. En Australie, les fruits des
Cycas ont été reconnus comme violemment vomitifs par les voyageurs
de l'expédition de FLINDERS. Mais les tiges de diverses Cycadacées
sont surtout riches en fécule; et, dans l'Afrique australe, celle de
plusieurs *Encephalartos*[1] porte le nom de Pain de Cafres. RHEEDE
avait même pensé que le véritable Sagou provenait d'arbres de cette
famille. Au Mexique, les fruits du *Dioon edule*[2] (fig. 107) produisent
une sorte d'Arrow-root. Aux Moluques, on obtient une farine de
qualité inférieure en pulvérisant les fruits des *Cycas*. Aux Antilles et
aux îles Bahama, un grand nombre de petites espèces du genre
Zamia donnent une fécule alimentaire, notamment les *Z. pumila*[3],
angustifolia, tenuis, media, furfuracea, Lindleyi[4]. A Saint-Domingue,
on mange les fruits du *Z. debilis*. Au Vénézuela, ceux du *Z. muricata*[5]
sont drastiques, et l'on tire de la fécule du tronc et du rhizome. Les
tiges des *Cycas revoluta*[6] et *inermis*[7] passent pour fournir une sorte
de Sagou; l'un au Japon et l'autre en Cochinchine. Celui du Japon est
très nutritif et sert à l'entretien des troupes. Longtemps l'exportation
en est demeurée interdite. On cultive en grand nombre, comme
ornementales, dans les serres chaudes et tempérées, diverses espèces
des genres *Cycas, Zamia, Encephalartos, Dioon, Ceratozamia,
Macrozamia*, et les très étranges *Bowenia* et *Stangeria*.

1. Surtout l'*E. caffer* MIQ., *Mon. Cycad.*, 53
(part.). — *Cycas caffra* THUNB., in *N. Act. Soc.
upsal.* (1775), II, 284. — *Zamia Cycadis* L. F.,
Suppl., 443.

2. LINDL. — MIQ., in *Linnœa*, XIX, 414; XXI,
567. — *Zamia Melœni* MIQ., in *Linnœa*,
XVIII, 97. — *Platyzamia rigida* ZUCC., *Pl. nov.
fasc.*, V, 23.

3. *Zamia pumila* L., *Spec.*, 1659. — *Z. media*
SIMS, *Bot. Mag.*, t. 2006. — *Palmifolia pumila*
O. K., *Revis.*, 803.

4. *Zamia Lindleyi* WARCZ. — *Z. Chigua*
SEEM. — *Palmifolia Chigua* O. K. (*Chigua*).
Ses fruits se mangent fréquemment préparés
au lait et au sucre.

5. *Zamia muricata* W., *Spec.*, IV, 847. —
KARST., in *Abh. Akad. Wiss. Berl.* (1856), 93,
c. ic.

6. THUNB., *Fl. jap.*, 229. — SM., in *Trans.
Linn. Soc.*, VI, 312, t. 29, 30. — HOOK., in
Bot. Mag., t. 2963, 2964. — *Tessio* KÆMPF.,
Amœn. exot., 897. — *Arbor catappoides sinensis*
RUMPH., *Herb. amboin.*, I, 92, t. 24.

7. LOUR., *Fl. cochinch.*, 632 (*Cây San tué*).

GENERA

I. CYCADEÆ.

1. **Cycas** L. — Flores diœci; marium strobilo pedunculato, ovoideo, subgloboso v. oblongo; squamis crebris cuneatis, ∞-seriatim imbricatis, apice sterili plus minus dilatatis et in mucronem brevem elongatumve adscendentem productis, subtus loculis polliniferis segregatis v. 2-4-natim aggregatis rimosis opertis. Strobilus fœmineus sessilis, globosus v. late ovoideus, dense lanatus; squamis laxe imbricatis adscendentibus, lineari-elongatis, apice in laminam ovatam v. orbicularem, integram, serratam, pectinatam v. fimbriatam, dilatatis. Flores fœminei crenis pulvinaribus marginalibus squamarum infra apicem dilatatum utrinque 2-plures, nunc raro solitarii, sessiles adscendentes; germine ovoideo v. subgloboso, apice pervio; ovulo basilari atropo. Fructus late globosi v. ellipsoidei drupacei; semine inferne cum pericarpio cohærente, apice libero; albumine copioso; embryonis axilis radicula supera in filum longum spiraliter tortum desinente; cotyledonibus magna ex parte conferruminatis. — Arbores; trunco cylindraceo, nunc elato, simplici v. 2-chotome ramoso, basibus persistentibus petiolorum et prophyllorum induratis obtecto; foliis spurie verticillatis, simul provenientibus, prophyllis elongato-subulatis immixtis, patentibus, petiolatis, glabris v. furfuraceis, lineari-oblongis, pinnatis; pinnis lineari-elongatis, 1-nerviis integris; infimis nunc spinescentibus; nervis lateralibus 0; vernatione circinatim involuta; strobilis masculis in gemma lateralibus; fœmineis terminalibus, ob axin productam in centro vegetantibus. (*Orbis. vet. reg. trop.*) — *Vid. p.* 56.

II. ZAMIEÆ.

2. **Zamia** L. — Flores diœci; marium strobili oblongo-cylindracei squamis superpositis, ∞-seriatis, valvatim juxtapositis,
peltatis; stipite crassa; pelta valde incrassata, transverse 6, 7-gona,
vertice truncata et subtus in latere inferiore et sub stipite loculos
polliniferos rimosos sessiles v. breviter stipitatos gerente. Strobilus
fœmineus major crassiorque; pelta basi utrinque 1-florifera. Germina ovoidea sessilia, apice pervia. Semen basilare albuminosum
atropum. — Caudex v. truncus humilis, simplex, lobatus v. ramosus,
lævis v. varie cicatricatus, nudus, epigæus v. magna ex parte hypogæus; foliis paucis, uno post alterum provenientibus, pinnatis;
petiolo lævi v. spinuloso; pinnis latis v. angustis, basi lata articulata
insertis, integris v. serratis, parallele nervosis; vernatione stricta;
prophyllis integris v. sæpe dentatis; strobilis (parvis) glabris v. nunc
furfuraceis, aut solitariis, aut 2, 3-nis. (*America calid. utraque.*) —
Vid. p. 58.

3. **Microcycas** MIQ.[1] — Flores fere *Zamiæ;* strobili masculi
cylindracei squamis laxe superpositis, ∞-seriatis, cuneiformibus
planiusculis, subtus dimidio inferiore loculis magnis polliniferis
operto; dimidio autem superiore sterili latiore semicirculari crasso
obtuso, dense velutino. Strobili fœminei longioris crassiorisque
squamæ subvalvatim juxtapositæ; stipite brevi crasso; pelta magna
elongata globoso-ovoidea, apice obtusa v. truncata velutina. Flores
fœminei utrinque stipitis ad basin peltæ solitarii sessiles reversi.
Fructus...? — Truncus cylindraceus gracilis humilis, basibus
petiolorum persistentibus et prophyllorum obtectus; foliis subverticillatis simul provenientibus, patentibus petiolatis pinnatis; petiolo
inermi; foliolis anguste lineari-ensiformibus curvis, basi lata articulata sessilibus, obtuse acuminatis striato-nervosis; marginibus
integris, tenuiter recurvis; vernatione recta; strobilorum pedunculo
basi prophyllis elongatis subulato-lanceolatis lanuginosis cincto.
(*Cuba*[2].)

1. *Fl. serres*, VII, 141 (*Zamiæ* sect.). —
A. DC, *Prodr.*, XVI, II, 538. — B. H., *Gen.*,
III, 447, n. 8. — EICHL., *loc. cit.*, 23.

2. Spec. 1. *M. calocoma* A. DC. — REG., in
Act. H. petrop., IV, 303. Genus imprimis peltæ
fœmineæ magnitudine insigne.

4. **Ceratozamia** AD. BR.[1] — Flores *Zamiæ;* strobili masculi oblongo-cylindracei squamis valvatim juxtapositis, ∞-seriatim superpositis, breviter stipitatis, obovato- v. 4-drato-cuneatis, subtus loculis polliniferis sessilibus late ellipsoideis obtectis; vertice sterili complanato angustato in cornua lateralia pungentia 2 desinente. Strobili fœminei majoris crassiorisque squamæ superpositæ, ∞-seriatæ peltatæ; stipite crasso; pelta complanata magna sub-4-ovata; marginibus rotundatis; vertice transverse 6-gono medio in carinam transversam 2-cornutam contracto; cornubus lateralibus pungentibus. Flores fœminei ad basin peltæ utrinque stipitis solitarii sessiles, oblique reversi. Fructus ovoidei (majusculi). — Truncus cylindraceus erectus, simplex v. basi furcatus proliferusvc, petiolorum et prophyllorum basibus persistentibus obtectus; foliis subverticillatis simul provenientibus, longe petiolatis, pinnatis; petiolo basi subvaginante; rhachi elongata; foliolis elongatis, basi lata sessilibus lineari-lanceolatis, integris v. ad apicem denticulatis, parallele ∞-nerviis; vernatione imbricativa stricta. (*Mexicum*[2].)

5. **Encephalartos** LEHM.[3] — Flores fere *Zamiæ*[2]; strobili masculi ovoidei, oblongi v. cylindracei, squamis imbricatis, ∞-seriatis, late v. elongato-cuneatis crassis, sæpe rugosis, subtus loculis polliniferis ovoideis opertis, apice sterili angustato prismatico-truncato plus minus decurvis. Strobili fœminei oblongi v. ellipsoidei crassi squamæ ∞, peltatæ, ∞-seriatim imbricatæ; stipite gracili; pelta reniformi crassa, basi utrinque incrassata[4] ibique 2-florifera, vertice lato sub-3-gona, prismatica v. convexa lanuginosa; germinibus ovoideis sessilibus, apice perviis, deorsum spectantibus. Fructus oblongi v. ellipsoidei. — Arbores; trunco cylindraceo v. ad medium tumido, prophyllis petiolorumque basibus persistentibus obtecto; foliis subverticillatis simul provenientibus[5] patenti-recurvis, petiolatis lineari-oblongis[6], pinnatis; foliolis sessilibus rigidis, ∞-jugis, integris, spinosis v. spinuloso-dentatis lineato-nervosis, crasse coriaceis, vernatione rectis; infimis sæpe spinescentibus; petiolo basi

1. In *Ann. sc. nat.*, sér. 3, V, 7, t. 1 (part.). — A. DC., *Prodr.*, XVI, II, 546. — B. H., *Gen.*, III, 446, n. 7. — EICHL., *loc. cit.*, 23. — *Dipsacozamia* LEHM., in *Lindl. Veg. Kingd.*, 225.
2. Spec. 5, 6. REG., in *Act. H. petrop.*, IV, 297.
3. *Pugill.*, VI, 9, t. 1-5. — ENDL., *Gen.*,

n. 705. — A. DC., *Prodr.*, XVI, II, 530. — B. H., *Gen.*, III, 445, n. 4. — EICHL., *loc. cit.*, 22, fig. 14.
4. Cujus potius (F. MUELL.) esset subgenus.
5. Uno post alterum in *E. brachyphyllo* (B. H.); foliolis basi semi-tortis.
6. Glabris v. villosis, viridibus v. glaucis.

exauriculato; strobilis masculis nunc 2, 3-nis. (*Africa trop. et austr.*[1])

6. Macrozamia MIQ.[2] — Flores fere *Encephalarti;* marium strobilo ovoideo, oblongo v. cylindraceo; squamis imbricatis, ∞-seriatis, elongatis brevibusve; apice dilatato medio acutato v. in spinam erectam incurvamve producto; loculis polliniferis crebris globosis breviter stipitatis subtus insertis. Strobilus fœmineus ovoideus v. subglobosus; squamis imbricatis peltatis; pelta crassa lataque transverse oblonga; vertice adscendente obtuso, acuto v. in spinam adscendentem producto, basi utrinque 1-florigero. Germina sessilia reversa subglobosa; stylo brevissimo pervio. Fructus (sæpe magni) ovoidei v. obtuse angulati. — Truncus cylindraceus v. ovoideus, prophyllis et petiolorum basi persistentibus onustus; foliis pinnatis; foliolis angustis, integris v. ad apicem paucidentatis; nervis longitudinalibus parallelis, basi sæpe calloso-incrassatis; vernatione stricta imbricatave. (*Australia trop. et temp.*[3])

7. Dioon LINDL.[4] — Flores 1-sexuales; marium strobilo cylindraceo; squamis imbricatis, ∞-seriatis, elongato-cuneatis, subtus loculis polliniferis crebris oblongis sessilibus rimosis opertis; apice dilatato incurvo late 3-angulari obtuso lanuginoso. Strobili fœminei ovoidei; squamis imbricatis duplicibus, subpeltatim gracile stipitatis; lamina magna ovato-subacuta dense lanuginosa, deorsum auricula[5] arcuata semicirculari concava crassa duplicata. Auricula utrinque extus juxta stipitem geniculato-inflexa ibique in processu plus minus evoluto florem fœmineum unum gerente; germine ovoideo reverso,

1. Spec. ad 12. JACQ., *Fragm.*, t. 25-31 (*Zamia*). — GÆRTN., *Fruct.*, t. 3 (*Zamia*). — MIQ., *Mon. Cycad.*, t. 2, 6; *Comm. phyt.*, t. 13; in *Linnæa*, XIX, t. 4, 5. — LEHM. et DE VRIES, in *Tijdschr. Nat. Gesch.*, II, t. 9; IV, t. 3-7, 9, 10; VI, t. 3, 4; *Nov. spec. Cycad.*, t. 3-5; *Descr. pl. nouv.*, c. t. 2. — LEME, *Ill. hort.*, t. 557. — REG., in *Act. H. petrop.*, IV, 285; *Gartenfl.*, t. 477, 822. — F. MUELL., in *Melb. Chim. and Drugg.*, febr. 1883; jun. 1885. —BENTH., *Fl. austral.*, VI, 251 (*Macrozamia*). — *Bot. Mag.*, t. 4903, 5371.

2. *Mon. Cycad.*, 36, t. 4-6; in *Linnæa*, XVII, t. 2; XIX, t. 2, 3. — REG., in *Act. H. petrop.*, IV, 317. — A. DC., *Prodr.*, XVI, II, 534. — B. H., *Gen.*, III 445, n. 3. — *Lepidozamia* REG., in *Bull. Mosc.* (1871), I, 182, t. 4, fig. 20,

21; *Gartenfl.* (1857), t. 186, fig. 23, 31; (1870), t. 660; in *Act. H. petrop.*, IV, 294. — A. DC., *loc. cit.*, 547. — *Catakidozamia* T. HILL, in *Gard. Chron.* (1865), 1107.

3. Spec. 6, 7. HEINZ., in *N. Act. nat. cur.*, XXI, I, t. 10-13. — BENTH., *Fl. austral.*, VI, 250 (part.). — *Bot. Mag.*, t. 5943.

4. *Bot. Reg.* (1843), *Misc.*, 59 (*Dion*). — A. DC., *Prodr.*, XVI, II, 537. — B. H., *Gen.*, III, 445, n. 2. — H. BN, in *Bull. Soc. Linn. Par.*, 522 (*Le support des fleurs femelles des Cycadacées*). — EICHL., *loc. cit.*, 22, fig. 7 D. — CUGINI, in *N. Giorn. bot. ital.*, XVII, 29. — *Platyzamia* ZUCC., in *Abh. Bayer. Akad.*, IV, 23, t. 4.

5. Quæ squama vera bracteæ axillaris cumque ea connata elevataque.

apice brevi pervio. Fructus (magnus) reversus. — Truncus brevis, ovoideus demumque crasse cylindraceus, prophyllis lanatis persistentibus dense obtectus; foliis simul verticillatim provenientibus crebris erecto-patentibus, breviter petiolatis, elongato-lanceolatis, planis rigidis, profunde pinnatifidis; junioribus pilosis, in vernatione strictis; segmentis approximatis angustis strictis planis pungenti-acuminatis, ecostatis, tenuiter striato-nervosis, nunc dentatis; infimis desinentibus in spinas petiolum marginantes; strobilis subsessilibus (magnis), basi prophyllis lanceolatis lanuginosis stipatis. (*Mexicum*[1].)

8. **Stangeria** T. MOORE[2]. — Flores 1-sexuales; marium strobilo cylindraceo; squamis dense imbricatis, ∞-seriatis, obovato- v. cuneato-4-dratis trapezoideis obtusis, subtus nisi apice loculis polli-niferis[3] subovoideo-trapezoideis stipitatis opertis. Strobilus fœmineus brevior oblongo-cylindraceus; squamis dense imbricatis, ∞-seriatis, subsessilibus ovato-rotundatis, ima basi utroque latere excavatis ibique florem fœmineum deorsum spectantem gerentibus. — Truncus brevis[4], ex parte subterraneus subcylindraceus napiformis glaber nudusque, sparsim lenticellatus, 1-oligocephalus; foliis 1, v. paucis, longe petiolatis pinnatis, vernatione inflexis; pinnis oppositis alternisque, lineari-lanceolatis, obtusis, acutis v. acuminatis, subcrenatis v. spinuloso-serrulatis, nunc pinnatifido–lobatis; inferioribus nunc 2-fidis petiolulatis; superioribus autem sessilibus; basi lata margine inferiore decurrente; vernatione rectis; costa crassa; nervis creberrimis horizontalibus parallelis, simplicibus v. plus minus alte furcatis; strobilis pedunculatis villosis; pedunculo basi prophyllis 2, 3-seriatis imbricatis orbiculari-concavis tomentosis cincto. (*Africa austro-or. subtrop.*[5])

9. **Bowenia** HOOK.[6] — Flores 1-sexuales; marium strobilo parvo ovoideo-oblongo[7]. Squamæ cuneato-rotundatæ, ∞-seriatim superpo-

1. Spec. 2. REG., in *Act. H. petrop.*, IV, 296. — MIQ., in *Verh. Ned. Inst.* (1851), t. 3, 4. — LEME, *Ill. hort.*, II, 91. — *Bot. Mag.*, t. 6181.
2. In *Hook. Lond. Journ.*, V, 228. — A. DC., *Prodr.*, XVI, II, 530. — B. H., *Gen.*, III, 446, n. 5. — SOLMS-LAUB., in *Bot. Zeit.* (1890). — EICHL., *loc. cit.*, 21.
3. Pollen late ovoideum.
4. Vix pedalis.
5. Spec. 1. *S. eriopus*. — *S. paradoxa* MOORE.

— SM., in *Hook. Kew Gard. Misc.*, IV, 88. — HOOK. F., in *Bot. Mag.*, t. 5121. — REG., *Gartenfl.*, t. 798; in *Act. H. petrop.*, IV, 284. — *Lomaria eriopus* KZE, in *Linnæa*, X, 152; XVIII, 116. — *L. coriacea* KZE, in *Linnæa*, X, 506.
6. *Bot. Mag.*, t. 5398, 6008. — A. DC., *Prodr.*, XVI, II, 534. — B. H., *Gen.*, III, 446, n. 6. — EICHL., *loc. cit.*, 22, fig. 13.
7. Plus minus longe pedunculato

sitæ valvatimque juxtapositæ; apice truncato transverse oblongo-6-gono; subtus versus basin loculis polliniferis sessilibus globosis opertæ. Strobili fœminei masculo multo majoris crassiorisque squamæ superpositæ pauciseriatæ valvatimque juxtapositæ peltatæ; stipite cuneiformi brevi; pelta transverse oblonga, basi utrinque stipitis 1-florifera; vertice crasso transverse 6-gono, medio depresso margine areolæ depressæ crenulato. Germina ovoidea reversa; stylo brevissimo pervio. Fructus[1] globosi (parvi). — Caudex humilis crassus deformis, maxima ex parte hypogæus, simplex, lobatus v. sub-ramosus, nudus; foliis paucis, longe graciliterque petiolatis, seriatim provenientibus, amplis, ambitu suborbicularibus, 2-pinnatisectis; pinnis primariis paucis stipitatis subverticillatis inferioribus; pin-nulis oblique ovato- v. falcato-lanceolatis, v. rhombeis acuminatis striato-nervosis, integris v. spinuloso-serratis nitidis; vernatione stricta; strobilis glabris, basi prophyllis paucis brevibus rotundatis concavis coriaceis cinctis; masculis pedunculatis; fœmineis autem subsessilibus. (*Australia bor.-or.*[2])

---

1. *Nucis Avellanæ* magnitudine.
2. Spec. 1. *B. spectabilis* Hook. — F. Muell., *Fragm. phyt. Austral.*, V, 215, 171. — Benth.,

Fl. austral., VI, 254. Est genus non sine jure definiendum (F. Muell.) : *Encephalartos* foliis 2-pinnatis.

DEUXIÈME EMBRANCHEMENT DU RÈGNE VÉGÉTAL

VÉGÉTAUX

MONOCOTYLÉDONÉS

(Monocotylès LINK, *Endogènes* DC., *Endorhizés* L.-C. RICH., *Cryptocotylédonés* AGH,
Amphibryés ENDL., *Granifères* AGH, *Téléophytés* SCHLEID.)

Plantes à embryon pourvu, sauf de rares exceptions, d'un seul cotylédon, et à tiges généralement formées d'une écorce peu distincte, et d'un bois parcouru par des faisceaux fibro-vasculaires disséminés, fermés, sans moelle centrale proprement dite.

CXIII
ALISMACÉES

I. SÉRIE DES ALISMA.

Les fleurs d'un Fluteau (*Alisma*[1]), tel que l'*A. Plantago* (fig. 108-111), sont régulières et hermaphrodites, à réceptacle déprimé et à peu près plan en dessus. Il porte un calice de trois sépales, dont deux supérieurs, herbacés et imbriqués dans le bouton[2], et trois pétales

Alisma Plantago.

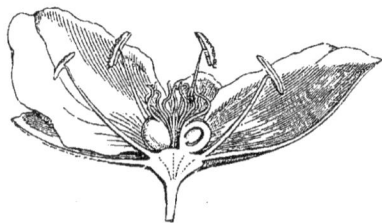

Fig. 108. Fleur, coupe longitudinale.

Fig. 109. Fruit jeune.

Fig. 110. Fruit adulte.

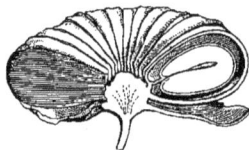

Fig. 111. Fruit, coupe longitudinale.

alternes, beaucoup plus grands, membraneux, imbriqués[3]. L'androcée est formé de six étamines, disposées par paire au-dessus de chaque

1. L., *Gen.*, ed. I, n. 308; ed. VI, n. 460 (part.). — ADANS., *Fam. des pl.*, ; II, 459 (Renonculacées). — J., *Gen.*, 46. — GÆRTN., *Fruct.*, II, 22, t. 84. — LAMK, *Dict.*, II, 513; Suppl., II, 663; *Ill.*, t. 273. — TURP., in *Dict. sc. nat.*, Atl., t. 43. — ENDL., *Gen.*, n. 1041. — SCHNIZL., *Iconogr.*, t. 49. — NEES, *Gen. Fl. germ.*, Monoc., II, n. 25. — PAYER, *Organog.*, 686, t. 141, fig. 19-32. — M. MICHELI, *Alism.*, in *DC. Mon. Phaner.*, III, 32. — BUCHENAU, in *Flora* (1857), 241; *Pflanzenfam.*, Lief. 26, p. 230, fig. 173, 174. — *Helanthium* ENGELM., ex B. H., *Gen.*, III, 1005. — *Baldellia* PARLAT., *Nov. gen. pl. monoc.* (1854), 57. — *Caldesia* PARLAT., *Fl. ital.*, III, 598.

2. Ils persistent généralement et se réfléchissent sous le fruit.

3. Souvent d'abord un peu corrugués.

sépale, et formées chacune d'un filet libre et d'un anthère presque
basifixe, à deux loges déhiscentes par des fentes presque marginales[1].
Le gynécée est formé de nombreux carpelles verticillés, insérés autour
du centre libre du réceptacle et composés chacun d'un ovaire comprimé et d'un style grêle à sommet stigmatifère. Il y a dans l'ovaire
un placenta voisin de la base de l'angle interne, qui supporte un
ovule ascendant, anatrope, à micropyle inférieur et extérieur[2]. Le
fruit[3] est multiple, formé d'un grand nombre de carpelles secs et
indéhiscents, disposés, sur le réceptacle peu élevé, en un seul verticille, et d'abord fortement comprimés entre eux, plus tard s'écartant
un peu plus les uns des autres. Leur dos étroit est marqué d'un canal
longitudinal, et leur cavité renferme une graine ascendante, également très comprimée, dont le tégument mince recouvre un embryon
charnu, replié sur lui-même en fer à cheval; la radicule à sommet
épaissi; le cotylédon rétréci entourant en grande partie la gemmule
qui se trouve au fond d'une petite fente. Tels sont les caractères des
espèces qui constituent la section *Eualisma*.

Dans les espèces de la section *Baldellia*, telles que l'*A. ranunculoides* (fig. 112, 113), les carpelles sont nombreux aussi, mais disposés
sur le réceptacle dans l'ordre spiral,
comme ceux d'une Renoncule, avec
quatre angles ou côtes, dont trois
dorsales. Les fleurs sont disposées
en cyme ombelliforme.

Alisma (Baldellia) ranunculoides.

Fig. 112. Fleur.

Fig. 113. Fruit
multiple.

Les *Caldesia* représentent une
autre section dans laquelle les carpelles sont en nombre indéfini ou
peu considérable, pressés les uns
contre les autres et portant de trois à cinq côtes dorsales. Mais leur
inflorescence est composée et ramifiée, comme celle des *Eualisma*.

Dans les espèces américaines telles que les *A. intermedium* et
tenellum, les carpelles peu nombreux sont enveloppés à la maturité
par le périanthe persistant, gonflés et costés; et l'inflorescence simule
une ombelle simple, comme celle des *Baldellia*. Il y a jusqu'à neuf
étamines.

Dans l'*A. natans* (fig. 114), dont on a fait un genre *Elisma*[4], il

1. Le pollen est sphérique, avec des pores
nombreux sur la membrane externe (H. MOHL).
2. Le tégument est double.

3. B.-MIRB., in *Ann. Mus.*, XVI, t. 18.
4. BUCHEN., in *Pringsh. Jahrb.*, VII, 25,
t. 2, fig. 5-12; in *Engl. Bot. Jahrb.*, II, 481.

y a six étamines et de six à douze carpelles; mais chacun de ceux-ci
ne renferme qu'un ovule qui, par suite de torsion, dirige finalement
son micropyle en bas et en dedans. Les feuilles bien développées sont
nageantes, et la cyme est réduite à quelques
fleurs, parfois même à une seule.

Ainsi compris, le genre renferme une dizaine
d'espèces[1] et habite les cinq parties du monde. Leur
rhizome se renfle d'une façon variable; il est vivace
et porte des stolons et des feuilles basilaires,
alternes, dressées ou flottantes, ovales, lancéolées
ou sagittées, parfois ponctuées ou linéolées. L'inflorescence forme, sur une hampe commune, plus
ou moins ramifiée, un ou plusieurs groupes, souvent ombelliformes,
composés en réalité de cymes et variant, nous l'avons vu, d'une
section à l'autre du genre.

*Alisma (Elisma)
natans.*

Fig. 114. Fleur.

Tout près des *Alisma* se placent les *Limnophyton*, de l'Asie et de

Damasonium stellatum.

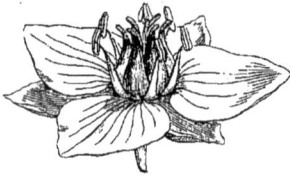
Fig. 115. Fleur.

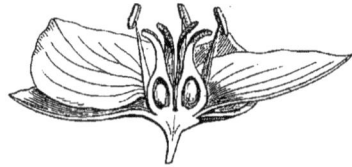
Fig. 117. Fleur, coupe longitudinale.

Fig. 116. Diagramme.

Fig. 118. Fruit multiple.

l'Afrique tropicales, qui ont des fleurs monoïques, avec six étamines et des carpelles dont l'ovule a le micropyle en dehors. Les

Pflanzenfam., 231, fig. 175. — M. MICHELI.,
Alism., 40. — B. H., *Gen.*, III, 1005, n. 2. —
H. BN, in *Bull. Soc. Linn. Par.*, 1050.
1. T., *Inst.*, 285, II, t. 149 (*Ranunculus*). —
CAV., *Icon.*, t. 55. — RED., *Lil.*, t. 285, 452.—
SEUB., in *Mart. Fl. bras.*, III, I, t. 13, fig. 2;
14. — REICHB., *Ic. Fl. germ.*, t. 54-57; *Ico-
nogr. bot.*, t. 37, 228. — WIGHT, *Icon.*, t. 322.
— BENTH., *Fl. austral.*, VII, 184. — HEMSL.,

Bot. centr.-amer., III, 437. — BOISS., *Fl. or.*,
V, 9. — GMEL., *Fl. bad.*, IV, 256. — ALL.,
Fl. pedem., I, 234. — F. MUELL., *Fragm.
phyt. Austral.*, I, 23. — GRISEB., *Cat. pl. cub.*,
218. — THW., *En. pl. zeyl.*, 332. — S.-WATS.,
Bot. Calif., II, 200. — WILLK. et LGE, *Prodr.
Fl. hisp.*, I, 158. — BRANDZ., *Prodr. Fl.
rom.*, 434. — GREN. et GODR., *Fl. de Fr.*,
III, 163.

feuilles sont dressées; et les inflorescences sont composées, ramifiées ou à axes secondaires verticillés.

Les *Damasonium* (fig. 115-118), des deux mondes, constituent une sous-série particulière (*Damasoniées*) dans laquelle les fleurs sont construites en général comme celles des *Alisma*. Mais leur réceptacle s'étire dans sa portion carpellaire, en même temps que s'élargit la base sessile et verticalement insérée des carpelles. Ceux-ci, disposés en étoile, au nombre de six à dix, ont donc l'air d'être soudés, a-t-on

Sagittaria sagittifolia.

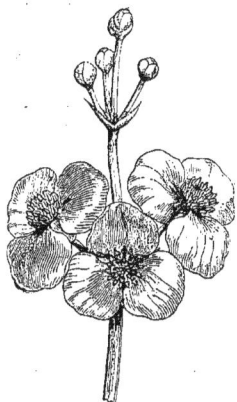

Fig. 119. Inflorescence mâle.   Fig. 120. Inflorescence femelle.

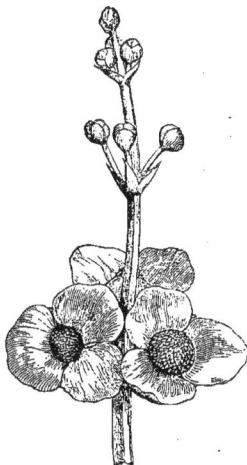

dit, par leur base; ce qui n'est qu'une apparence. Chaque carpelle est uniovulé et, par exception, multiovulé dans le *D. polyspermum*.

Les Sagittaires (fig. 119, 120) donnent aussi leur nom à une sous-série (*Sagittariées*), dans laquelle le réceptacle floral est volumineux, sphérique ou ovoïde, et porte de nombreux carpelles disposés en spirale et multisériés. Dans celles qu'on a nommées *Echinodorus*, les fleurs sont hermaphrodites, et généralement nombreuses au niveau des verticilles superposés que porte la hampe commune; tandis que dans les Sagittaires proprement dites, les fleurs sont monoïques ou dioïques et au nombre généralement de trois à chaque verticille.

Le *Burnatia*, plante nubienne, appartient à une autre petite sous-série (*Burnatiées*), dans laquelle le périanthe est unique, avec parfois seulement une ou quelques petites folioles intérieures. Les fleurs y

sont d'ailleurs unisexuées. Le *Burnatia* a neuf étamines; mais les
Wisneria, asiatiques et africains, qui en sont voisins, n'en ont plus
normalement que trois.

II. SÉRIE DES BUTOMES.

Le seul *Butomus*[1] (fig. 121-123) que l'on connaisse a des fleurs
régulières et hermaphrodites, à réceptacle convexe et à verticilles
trimères. Ce sont, de bas en haut: trois sépales[2] pétaloïdes, imbriqués

Butomus umbellatus.

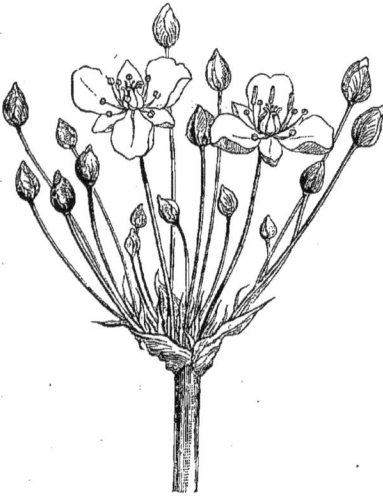

Fig. 122. Fleur, coupe longitudinale.

Fig. 121. Inflorescence.

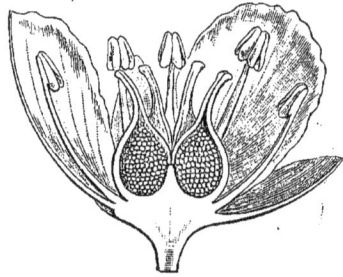

Fig. 123. Fruit multiple déhiscent.

ou tordus; trois pétales alternes, semblables, plus grands, marces-
cents, également imbriqués ou tordus; trois étamines dédoublées,
superposées aux sépales; trois étamines simples, oppositipétales;

1. T., *Inst.*, 271, t. 143. — L., *Gen.*, ed. 1,
n. 340; ed. VI, n. 507. — J., *Gen.*, 46. —
Gærtn., *Fruct.*, I, t. 19. — Lamk, *Ill.*, t. 324.
— Rich.,in *Mém. Mus.*, I, 366. — Nees, *Gen.
Fl. germ.*, Monocot., II, n. 17. — Turp., in *Dict.
sc. nat.*, Atl., t. 44. — Endl., *Gen.*, n. 1044. —
Schnizl., *Iconogr.*, t. 50. — Payer, *Organog.*,
684, t. 141. — B. H., *Gen.*, III, 1008, n. 9. —
Buchen., in *Flora* (1857), 242, t. 9; in *Abh. Nat.
Ver. Brem.*, II; in *Engl. Bot. Jahrb.*, II, 468;
Pflanzenfam., Lief. 26, p. 233, fig. 177.

2. Dont deux sont postérieurs.

trois carpelles libres, superposés aux sépales; trois carpelles semblables, alternes. Les étamines hypogynes ont chacune un filet libre et une anthère biloculaire, quadrilocellée, tétragone, basifixe, déhiscente par deux fentes longitudinales[1]. Chaque ovaire, atténué supérieurement en un style dont l'extrémité obtuse est stigmatifère, renferme, sur chacune de ses faces latérales, un large placenta, chargé d'ovules anatropes[2]. Le fruit multiple est formé de six carpelles[3] secs et coriaces, enveloppés d'une portion du périanthe persistant, rostrés, un peu unis inférieurement et déhiscents en follicules suivant leur bord interne[4]. Ils renferment de nombreuses graines ascendantes, oblongues, qui, sous des téguments coriaces et profondément sillonnés, contiennent un embryon droit, ovoïde-allongé, à

Hydrocleis Humboldtii.

Fig. 124. Fleur.

extrémité radiculaire inférieure et un peu rétrécie, à gemmule plongée dans l'intérieur du cotylédon.

Le *B. umbellatus* est une herbe[5] vivace, des marais, à rhizome épais et rampant. Ses feuilles basilaires, linéaires-allongées, triquêtres, sont graduellement acuminées. Les fleurs[6] sont groupées au sommet d'une hampe axillaire, dressée, cylindrique, en plusieurs cymes unipares, dont l'ensemble simule une ombelle, et qui sont à leur base accompagnées de courtes bractées subspathacées. C'est une plante de l'Europe et de l'Asie tempérées[7].

A côté des Butomes se rangent les *Butomopsis*, des eaux tropicales de l'ancien monde, annuels, à pétales caducs, avec des fleurs à huit ou neuf étamines, et de six à neuf carpelles; l'embryon recourbé; les *Hydrocleis* (fig. 124) et *Lymnocharis*, de l'Amérique tropicale, à pétales caducs et à étamines nombreuses; les premiers à feuilles

1. Le pollen est (H. MOHL) ovoïde, avec un pli.
2. A double tégument.
3. A nervation remarquable. Le bord interne se ferme tardivement, sans véritable union.
4. B.-MIRB., in *Ann. Mus.*, XVI, t. III, 3.
5. Sans réservoirs à latex.
6. Roses, moyennes, élégantes. Sur l'inflorescence, DUTAILLY, in *Bull. Soc. Linn. Par.*, 5).

7. L., *Spec.*, ed. I, 372. — RED., *Lil.*, t. 209. — REICHB., *Ic. Fl. germ.*, VII, t. 58. — SPACH, *Suit. à Buff.*, t. 115. — LAMK, *Ill.*, t. 324. — DIETR., *Fl. boruss.*, I, t. 25. — BOISS., *Fl. or.*, V, 10. — WILLK. et LGE, *Prodr. Fl. hisp.*, I, 160. — GREN. et GODR., *Fl. de Fr.*, III, 168. — *B. junceus* TURCZ., in *Bull. Mosc.*, III, 60. — *B. vulgaris* GUELDENST., *It.*, II, 22. — *B. floridus* GÆRTN., *Fruct.*, I, 74.

nageantes et à deux-six carpelles; le style allongé ; les derniers, à feuilles dressées; de quinze à vingt carpelles, et l'ovaire directement couronné des papilles stigmatiques.

C'est A.-P. DE CANDOLLE [1] qui a établi en 1805 la famille des Alismacées; mais il y comprenait la plupart des Naiadacées. Trois ans après, L.-C. RICHARD [2] la limita bien plus étroitement. ADANSON [3] avait placé les *Alisma* et les Sagittaires parmi les Renoncules, et A.-L. DE JUSSIEU [4], dans une des sections de son Ordre des Joncs. A.-P. DE CANDOLLE avait aussi fait entrer dans la famille les Butomées, dont bien des auteurs font un groupe tout à fait distinct. Il semble qu'aujourd'hui cette union des Butomées et des Alismées s'impose. Il en résulte un ensemble, formé de dix genres et d'environ soixante espèces, réparties dans les deux séries suivantes :

I. ALISMÉES [5]. — Ovules solitaires, ascendants ou géminés, rarement en nombre indéfini. Carpelles mûrs indéhiscents ou rarement se séparant à leur base. — 6 genres.

II. BUTOMÉES [6]. — Ovules nombreux, insérés sur les parois latérales des ovaires. Carpelles (follicules) déhiscents par leur bord ventral. — 4 genres.

Par la dialycarpellie de son gynécée, cette famille est, dans la Monocotylédonie, l'analogue des Renonculacées parmi les Dicotylédones. ADANSON l'avait bien compris; et comme, entre un *Alisma* à carpelles nombreux et un *Ranunculus* aquatique à périanthe trimère, il n'y a d'autre différence absolue que le nombre des cotylédons, et que les caractères des organes végétatifs sont analogues, commandés de part et d'autre par le milieu qu'habite la plante, nous répétons ici ce que nous avons dit ailleurs, que l'idée de rapprocher les Alismacées des Renonculacées est absolument conforme aux principes des méthodes dites naturelles. Nous verrons plus loin en quoi les Alismacées sont très voisines à la fois des Triuridacées et

1. *Fl. fr.*, III, 181.
2. *Anal. fr.* (1808); in *Mém. Mus.*, I, 365 (1815).
3. *Fam. des pl.*, II, 459.
4. *Gen. plant.*, 44.
5. ACH, *Aphor.*, 126. — REICHB., *Consp.*, 45. — ENDL., *Gen.*, 128, Subord. 2. — B. H., *Gen.*,
III, 1004, Trib. I. — *Alismaceœ* M. MICHELI, in *DC. Mon. Phaner.*, III, 29 (Ord.).
6. L.-C. RICH., in *Mém. Mus.*, I, 365. — K. *Enum.*, III, 163. — B. H., *Gen.*, III, 1004, Trib. 2. — *Butomaceœ* ENDL., *Gen.*, 128. — LINDL., *Veg. Kingd.*, 209. — M. MICHELI, *loc. cit.*, 84 (Ord.).

des Naiadacées et par quels caractères elles s'en distinguent. Par les types à ovules nombreux, insérés sur la paroi latérale des carpelles, comme il arrive dans les Butomées, cette famille est l'analogue d'un groupe de Dicotylédones souvent considéré aussi comme peu éloigné des Renonculacées; nous voulons parler des Lardizabalées.

L'aire de distribution de ces plantes est très étendue, comme il arrive d'ordinaire pour les végétaux aquatiques. Il y a des Alismacées dans les eaux douces du monde entier, sauf dans les régions tout à fait froides. Les *Alisma* se rencontrent dans les cinq parties du monde; de même les Sagittaires. Les Butomes, *Butomopsis* et *Damasonium*, sont de l'ancien monde. Il n'y a de *Limnocharis* et d'*Hydrocleis* qu'en Amérique. Les *Wisneria* et *Burnatia* sont limités à l'Afrique, à l'Asie continentale et aux îles voisines. Les *Limnophyton* sont à la fois asiatiques et africains.

Les caractères histologiques[1] de ces plantes tiennent beaucoup au milieu qu'elles habitent. Une particularité remarquable est l'existence d'un abondant latex dans les divers organes et jusque dans les pétales de beaucoup d'entre elles, notamment des Sagittaires, des *Limnophyton*, des *Damasonium*, etc.

La famille ne renferme pas beaucoup de végétaux utiles[2]. On employait jadis le *Sagittaria sagittifolia*[3] (fig. 119, 120) comme astringent et rafraîchissant. Son rhizome cuit serait comestible. C'est aussi, dit-on, un engrais. Le *Damasonium stellatum*[4] (fig. 115-118) a aussi passé pour astringent. Le rhizome de l'*Alisma Plantago*[5] (fig. 108-111) était vanté comme apéritif. On connaît la forte odeur chlorée qu'il dégage quand on le divise. Sa poudre desséchée a même été indiquée comme remède de la rage. On le mange en cas de disette dans plusieurs régions de l'Asie, notamment, dit-on, chez les Kal-

1. CHAT., *Anat.*, 37, t. 12-19. — BUCHEN., *Pflanzenfam.*, 228, 232.

2 ENDL., *Enchirid.*, 73. — LINDL., *Veg. Kingd.*, 209. — ROSENTH., *Syn. plant. diaphor.*, 79, 80.

. 3. L., *Spec.*, ed. I, 993. — K., *Enum.*, III, 156. — M. MICHELI, *loc. cit.*, 66. — GREN. et GODR., *Fl. de Fr.*, III, 167 (*Sagette, Flèche d'eau, Queue d'arondelle*). Les *S. chinensis* SIMS, *obtusa* W., *brasiliensis* MART., *rhombifolia* CHAM., *paleæfolia* NEES ont les mêmes propriétés; leur rhizome se mange parfois.

4. DALECH., *Hist.*, 1, 1058. — PERS., *Syn.*, I, 400. — GREN. et GODR., *Fl. de Fr.*, III, 167. — *D. Alisma* MILL. — *D. vulgare* COSS. et GERM. — *Actinocarpus Damasonium* SM. — *Alisma stellata* LAMK (*Étoile d'eau, E. de berger, Flûte de berger*).

5. L., *Spec.*, ed. I, 342. — LAMK, *Ill.*, t. 273. — M. MICHELI, *loc. cit.*, 32. — GREN. et GODR., *Fl. de Fr.*, III, 164. — *A. canaliculatum* BRAUN. — *A. arcuatum* MICHAL. — *A. flavum* THUND. (*Plantain d'eau, Pain de grenouille, P. de crapaud*).

mouks. Le Butome[1] (fig. 121-123) passe aussi pour avoir des feuilles apéritives. Son rhizome et ses graines avaient la réputation de guérir les morsures des serpents venimeux. Il se mange aussi, dit-on, en Moldavie et à Archangel. Tout cela est fort oublié aujourd'hui. Le Butome est une jolie plante d'ornement, et la culture en aquarium de l'*Hydrocleis nymphoides*[2] (fig. 124) donne de très heureux résultats. Il fleurit même bien chez nous en plein air. Quelques Sagittaires de l'Amérique extratropicale, naturalisées dans le Midi, ont aussi des fleurs ornementales. En Chine, le *Sagittaria chinensis* SIMS est, dit-on, largement cultivé pour ses rhizomes comestibles, sous le nom de *Tsz'ku*. A Pékin, d'après M. BRETSCHNEIDER, l'espèce cultivée comme comestible est plutôt le *S. macrophylla* BGE. La fécule de ces plantes a été comparée à l'*Arrow-root* pour ses qualités alimentaires, et les Kalmouks du Volga ne se chargent d'aucune provision alimentaire quand ils vont chasser dans les localités aquatiques habitées par les Sagittaires dont les tubercules doivent en ce cas suffire à leur alimentation.

1. *Butomus umbellatus* L., *Spec.*, ed. I, 372. — K., *Enum.*, III, 164. — RED., *Liliac.*, t. 209. — LAMK, *Ill.*, t. 324. — DIETR., *Fl. boruss.*, I, t. 25. — SPACH, *Suit. à Buff.*, t. 115. — GREN. et GODR.,*Fl. de Fr.*, III, 168 (*Jonc fleuri*). 2. *H. Commersoni* L.-C. RICH , in *Mém. Mus.*, I, t. 18. — *H. Humboldtii* ENDL., *Icon.*, t. 37. — *H. nymphoides* BUCHEN., *Ind. crit.*,

10. — *Stratiotes nymphoides* H. B. K., in *W. Spec.*, IV, 821. — *Limnocharis nymphoides* M. MICHELI, *Alism.*, 91, n. 2. — *L. Humboldtii* L.-C. RICH., *loc. cit.*, t. 19. — *Bot. Mag.*, t. 3243. — *Bot. Reg.*, t. 1640. —*L. Commersoni* SPRENG. — *Vespuccia Humboldtii* PARLAT., *N. gen. Monoc.* (1854), 55. — *Sagittaria ranunculoides* ARRAB., in *Vell. Fl. flum.*, X, t. 32.

GENERA

I. ALISMEÆ.

1. Alisma L. — Flores hermaphroditi; receptaculo convexiusculo. Sepala 3, herbacea, imbricata, plerumque persistentia subque fructu erecta, patentia v. reflexa. Petala 3, alterna, multo majora, tenuia imbricata, decidua. Stamina 6, hypogyna v. subperigyna, per paria sepalis opposita; filamentis subulatis; antheris subbasifixis, forma variis, extrorsum v. ad margines rimosis; nunc raro 9. Germinis carpella pauca v. ∞, libera, aut verticillata, aut spiraliter conferta; germine 1-loculari, 1-ovulato; ovuli adscendentis micropyle extrorsum v. raro (*Elisma*) introrsum infera; stylo ventrali v. subapicali, brevi v. longo, apice varie stigmatoso-papilloso. Fructus multiplex, sæpius calyce stipatus v. nunc involutus; carpellis paucis v. ∞, compressis v. turgidis, dorso sæpe 3-costatis, siccis, coriaceis v. induratis, indehiscentibus. Semen adscendens v. subbasilare compressum; integumento membranaceo; embryonis carnosi conduplicato-hippocrepici radicula summa incrassata. — Herbæ paludosæ perennes acaules (lactescentes); rhizomate varie incrassato; foliis basilaribus erectis v. fluctuantibus, alternis, petiolatis, ellipticis, lanceolatis v. sagittatis, nunc punctatis v. lineolatis; floribus cymosis; cymis sæpius 1-paris in scapo communi spurie umbellatis v. composite racemosis. (*Orbis utriusque reg. aquat. temp. et calid.*) — *Vid. p.* 73.

2. Limnophyton Miq.[1] — Flores fere *Alismatis*, 1-sexuales; staminibus 6, leviter perigynis, in flore masculo majoribus; antheris

1. *Fl. ind. bat.*, III, 242. — M. Micheli, in *DC. Mon. Phaner.*, III, *Alism.*, 38. — B. H., *Gen.*, III, 1005, n. 3. — Buchen., in *Engl.* *Bot. Jahrb.*, II, 481; *Pflanzenfam., loc. cit.*, 231. — *Dipseudochorion* Buchen., in *Flora* (1865), 241.

lineari-oblongis, subextrorsum rimosis. Carpella 15-20 (in flore masculo rudimentaria v. 0), receptaculo planiusculo inserta conferta; stylo ventrali brevi crassoque, apice stigmatoso capitellato, deciduo; ovuli subbasilaris micropyle extrorsum infera. Fructus carpella ∞, turgida, dorso 3-costata; endocarpii ossei lateribus cavis. Semen suberectum; integumento tenui membranaceo; embryonis carnosi conduplicato-hippocrepici radicula basi incrassata.—Herba perennis erecta scapigera (lactescens); foliis basilaribus erectis, longe crasseque petiolatis, late sagittatis, pellucido-punctatis; nervis 7-11; nervulis ramosis obliquis; floribus in scapo communi crasso verticillatim racemosis; nodis 3-bracteatis; superioribus in inflorescentia mascula minoribus; pedicellis gracilibus; inferioribus autem fœmineis v. hermaphroditis; pedicellis crassis et plus minus post anthesin decurvis; floribus masculis nunc paucis intermixtis[1]. (*Asia et Africa trop.*[2])

3. **Damasonium** J.[3] — Flores fere *Alismatis;* receptaculo cupulari. Sepala petalaque 3, imbricata, leviter perigyna. Stamina 6, leviter perigyna, per paria sepalis singulis opposita; antheris extrorsis, 2-rimosis. Carpella 6-8, intus receptaculo oblique inserta. Ovula ∞, angulo interno germinum inserta anatropa, v. sæpius 2, demum superposita adscendentia; superiore longius funiculato; micropyle plerumque extrorsa; inferiore autem brevius funiculato; micropyle sæpius introrsa. Carpella sæpius 6, stellato-patentia, basi lata sessilia receptaculoque lineari verticaliter inserta, stylo persistente sæpius rostrata. Semina 1-∞, uncinata; embryone hippocrepico. — Herbæ paludosæ, annuæ v. perennes; foliis basilaribus rosulatis petiolatis; floribus in inflorescentia racemosa v. composita spurie verticillatis, bracteis exterioribus 3 bracteolisque interioribus fultis. (*Europa, Oriens, Africa bor., Australia, California*[4].)

---

1. Genus hinc *Sagittariæ*, inde *Alismati* valde analogum.

2. Spec. 1. *L. obtusifolium* MIQ. — *Sagittaria obtusifolia* L., *Spec.*, 993. — *S. nymphæifolia* HOCHST. — *Dipseudochorion sagittifolium* BUCHEN. — *Alisma sagittifolium* W. BAK., in *Trans. Linn. Soc.*, XXIX, t. 102.

3. *Gen.*, 46 (non SCHREB.). — ADANS., *Fam. des pl.*, II, 458 (*Ranunculaceæ*). — ENDL., *Gen.*, n. 1043. — BUCHEN., in *Pringsh. Jahrb.*, VII, t. 2, fig. 21-27; in *Engl. Bot. Jahrb.*, II, 482;

Pflanzenfam., loc. cit., 231, fig. 174, F-K. — M. MICHELI, *Alism.*, 41. — B. H., *Gen.*, III, 1007, n. 8. — *Actinocarpus* R. BR., *Prodr.*, 342.

4. Spec. ad 4. RED., *Liliac.*, VI, t. 289 (*Alisma*). — TORR., *Bot. Whipple Exped.*, t. 21. — SM., in *Rees Cyclop.*, Suppl., n. 1 (*Actinocarpus*). — BENTH., *Fl. austral.*, VII, 186. — BOISS., *Fl. or.*, V, 10. — WILLK. et LGE, *Prodr. Fl. hisp.*, 1, 159. — GREN. et GODR., *Fl. de Fr.*, III, 166.

4. Sagittaria L.[1] — Flores hermaphroditi (*Echinodorus*[2]) v. 1-sexuales polygamive (*Eusagittaria*); receptaculo sæpius subgloboso. Sepala 3, imbricata patentia. Petala 3, alterna, longiora, membranacea, imbricata, decidua. Stamina 9-∞; filamentis liberis gracilibus; antheris basifixis, extrorsis v. lateraliter 2-rimosis. Carpella ∞, spiraliter inserta (nunc in flore masculo sterilia); germine 1-loculari (nunc in inferioribus effœto); stylo apicali v. ventrali; ovulo 1, subbasilari adscendente; micropyle extrorsum infera. Fructus carpella matura ∞, receptaculo sphærico v. conico inserta, lata valdeque compressa (*Eusagittaria*) v. (*Echinodorus*) alte costata styloque rostrata, nunc varie alata; seminibus suberectis; embryone conduplicatim hippocrepico obclavato. — Herbæ paludosæ, annuæ v. sæpius perennes; rhizomate vario; ramis aeriis herbaceis; foliis basilaribus petiolatis, oblongis v. sagittatis; floribus[3] in scapo communi simplici v. ramoso aut 3-natim verticillatis, aut (*Echinodorus*) ∞, bracteatis et bracteolatis; bractea rarius ad verticillum 1. (*Orbis utriusque reg. temp. et trop.*[4])

5. Burnatia M. MICHELI[5]. — Flores diœci; masculorum perianthii foliolis 6, 2-seriatis; interioribus multo minoribus. Stamina 9; filamentis subulatis; antheris ad basin dorsifixis lineari-oblongis, subextrorsum rimosis. Floris fœminei perianthii foliola 3, parva orbicularia patentia. Stamina pauca imperfecta v. 0. Carpella ad 12 (in flore masculo rudimentaria compressa dolabriformia), in receptaculo parvo conferta, oblique dimidiato-orbicularia, ventre stigmatosa. Ovula solitaria adscendentia; micropyle introrsum infera. Achænia 5-8, compressa, ambitu 3-cristata, ventrali-rostrata, coriacea; seminis oblongi embryone conduplicato hippocrepiformi; radicula

1. *Gen.*, ed. I, n. 723; ed. VI, n. 1067. — J., *Gen.*, 46. — GÆRTN., *Fruct.*, II, t. 84. — LAMK, *Ill.*, t. 776. — NEES, *Gen. Fl. germ.*, *Monoc.*, II, n. 26. — ENDL., *Gen.*, n. 1042. — B. H., *Gen.*, III, 1006, n. 4. — M. MICHELI, *Alism.*, 64. — BUCHEN., in *Engl. Bot. Jahrb.*, II, 485; *Pflanzenfam.*, *loc. cit.*, 231, fig. 176. — *Lophiocarpus* M. MICHELI, *Alism.*, 60. — BUCHEN., in *Engl. Bot. Jahrb.*, II, 485; *Pflanzenfam.*, *loc. cit.*, 231.
2. L.-C. RICH., in *Mém. Mus.*, I, 365. — M. MICHELI, *Alism.*, 44 (part.). — BUCHEN., in *Engl. Bot. Jahrb.*, II, 483; *Pflanzenfam.*, *loc. cit.*, 231. — B. H., *Gen.*, III, 1006, n. 5.
3. Albis, nunc speciosis.
4. Spec. ad 30. LAMK, *Ill.*, t. 776. — POIR.,

Dict., VIII, 321 (*Valisneria*). — RED, *Lil.*, V, t. 279, 280, 411. — SCHKUHR, *Handb.*, t 298. — SEUB., in *Mart. Fl. bras.*, III, t. 13, fig. 4 (*Alisma*); t. 15, 16. — VELL., *Fl. flum.*, Atl., X, t. 31. — ANDR., *Bot. Rep.*, t. 333 — HEMSL., *Bot. centr.-amer.*, III, 438; 439 (*Echinodorus*). — BOISS., *Fl. or.*, V, 9 (*Echinodorus*), 11. — THUNB., *Fl. jap.*, 242. — MICHX, *Fl. bor.-amer.*, 190. — ZUCC., in *Abh. Kœn. Bayr. Akad.* (1832), 289. — WILLK. et LGE, *Prodr. Fl. hisp.*, I, 159. — BRANDZ., *Prodr. Fl. rom.*, 434. — GREN. et GODR., *Fl. de Fr.*, III, 167. — *Bot. Reg.*, t. 1141. — *Bot. Mag.*, t. 1631, 1632, 1792.
5. *Alism.*, 81. — B. H., *Gen.*, III, 1007, n. 6. — BUCHEN., *Pflanzenfam.*, *loc. cit.*, 232, fig. 174, L, M.

apice incrassata.— Herba paludosa erecta scapigera; foliis basilaribus longe petiolatis, lineari- v. elliptico-lanceolatis, tenuiter 7-9-nerviis; nervulis obliquis tenuissimis; floribus in racemos compositos dispo-sitis; verticillis ∞; axillis 3-bracteatis; inflorescentia mascula ampla; floribus graciliter pedicellatis; inflorescentiis fœmineis contractis; floribus subsessilibus minoribus. (*Nubia* [1].)

6. **Wisneria** M. Micheli [2]. — Flores monœci; perianthii foliolis 3 exterioribus persistentibus; additis nunc 2, 3, interioribus mino-ribus. Stamina 3; filamentis gracilibus; antheris basifixis, breviter oblongis v. subdidymis, ad margines v. subextrorsum rimosis. Floris fœminei androcæum ad staminodia setiformia reductum. Carpella 3-6 (in flore masculo rudimentaria), receptaculo tumidulo inserta; stylo brevi terminali; ovulo adscendente (*Sagittariæ*). Achænia pauca subglobosa, turgida v. compressiuscula; semine subsphærico v. oblongo; embryonis hippocrepici conduplicati radicula apice incras-sata. — Herbæ aquaticæ scapigeræ; rhizomate fibras crassas articu-latas emittente; foliis basilaribus longe petiolatis; limbo sublanceolato v. nunc 0; costa valida; nervis obliquis reticulatis; floribus secus scapum remote subverticillatis; verticillis involucris campanulatis truncatis inclusis; floribus seriatim emersis; masculis in involucris superioribus; fœmineis autem inferioribus; pedicello marium 2-brac-teolato. (*India, Africa centr., Madagascaria* [3].)

II. BUTOMEÆ.

7. **Butomus** T. — Flores hermaphroditi; receptaculo convexius-culo; perianthii foliolis 6, 2-seriatis concavis, imbricatis v. nunc tortis (coloratis) post anthesin persistentibus erectisque. Stamina 9, hypogyna, quorum 6 per paria sepalis opposita; 3 autem petalis opposita; filamentis subulatis; antheris basifixis lineari-oblongis, 4-gonis, lateraliter rimosis. Gynæcei carpella 6, foliolis perianthii opposita; germine intus longitudinaliter sulcato, 1-loculari; stylo apice ad sulci margines stigmatoso-papilloso. Placentæ in faciebus inte-

1. Spec. 1, ad margines stagnorum pluvia-lium crescens (Kotsch.), scil. *B. enneandra* M. Micheli. — *Alisma enneandrum* Hochst., herb. — *Echinodorus? enneander* A. Braun, in *Schweinf. Beitr. z. Fl. æthiop.*, 265, 309.

2. *Alism.*, III, 82. — B. H., *Gen.*, III, 1007, n. 7. — Buchen., *loc. cit.*, 232.
3. Spec. 1. *W. triandra* M. Micheli. — *Sagittaria triandra* Dalz., in *Hook. Lond. Journ. Bot.*, II, 104.

rioribus lateralibus germinis parietales, ∞-ovulatæ; ovulis confertis adscendentibus anatropis. Carpella matura 6, sicca, rostrata, ventre folliculatim dehiscentia; seminibus ∞, parietalibus oblongis adscendentibus; integumento exteriore coriaceo profunde sulcato; embryone recto elongato-ovoideo; extremitate radiculari breviter angustata; cotyledonari autem longe attenuata; rima ad cotyledonem basilari-laterali gemmulam fovente. — Herba paludosa glabra scapigera; rhizomate perenni repente dense foliaceo; foliis basilaribus lineari-elongatis, 3-quetris, sensim acuminatis flaccidis; scapo axillari erecto cylindraceo, apice cymas plures 1-paras in umbellam spuriam congestas gerente; bractea brevi subspathacea cymam quamque subtendente; pedicellis inæqualibus centrifugis. (*Europa et Asia temp.*) — *Vid. p.* 77.

8. **Teganocharis** HOCHST[1]. — Flores (fere *Butomi*) hermaphroditi; perianthio 2-seriato, 6-mero; petalis deciduis. Stamina 8, 9 : exteriora per paria oppositisepala; antheris lineari-oblongis basifixis, sublateraliter rimosis. Carpella 6-8, sessilia libera; stylo brevi, apice stigmatoso capitellato; placentis, ovulis cæterisque *Butomi*. Folliculi ventre dehiscentes; seminibus ∞, oblongis compressis, extus tenuiter coriaceis sublævibus uncinato-curvatis; embryone conduplicatim hippocrepico. — Herba aquatica annua simplex scapigera (lactescens[2]); rhizomate subtuberoso dense fibrigero; foliis basilaribus petiolatis, elliptico-lanceolatis, 3-7-nerviis; petiolo basi vaginante; floribus spurie umbellatis; bracteis inæqualibus pluriseriatis. (*Orbis vet. reg. trop.*[3])

9. **Hydrocleis** L.-C. RICH.[4] — Flores hermaphroditi; receptaculo concaviusculo. Sepala 3, herbacea, imbricata, persistentia. Petala 3, alterna multo majora, plerumque torta, tenuissima, decidua. Stamina ∞, circa gynæceum inserta; exteriora plerumque sterilia[5]; cæteris liberis; filamentis e basi lata subulatis; antheris basifixis;

1. In *Flora* (1841), 369. — O. K., *Revis.*, 743. — BUCHEN., in *Engl. Bot. Jahrb.*, II, 468; *Pflanzenfam.*, *Lief.* 26, p. 234. — *Butomopsis* K., *Enum.*, III, 164. — M. MICHELI, in *DC. Mon. Phaner.*, *Butom.*, 87. — B. H., *Gen.*, III, 1008, n. 10.

2. Laticiferis perianthii retiformibus.

3. Spec. 1. *T. lanceolata.* — *T. cordofana* HOCHST., in *Flora* (1841), 369. — *T. alismoides* HOCHST., in *Flora* (1841), *Intell.*, 42. — *Butomus lanceolatus* ROXB., *Cat. Ind. Fl.* (1813); *Fl. ind.*, II, 315. — *B. latifolius* DON, *Prodr.*

Fl. nepal., 22. — *Butomopsis lanceolata* K. (1841). — M. MICHELI, *loc. cit.* — BENTH., *Fl. austral.*, VII, 187. — *B. cordofana* K., in *Walp. Ann.*, I, 769.

4. In *Mém. Mus.*, I, 368, t. 18, 19, fig. 1. — K., *Enum.*, III, 165. — SCHNIZL., *Icon.*, t. 50. — ENDL., *Gen.*, n. 1045; *Iconogr.*, t. 37. — B. H., *Gen.*, III, 1009, n. 11. — BUCHEN., in *Engl. Bot. Jahrb.*, II, 469; *Pflanzenfam.*, *Lief.* 26, p. 234, fig. 178. — *Vespuccia* PARLAT., *Nov. gen. et spec. Monoc.*, 55.

5. Nunc linearia inæqualia, purpurascentia,

connectivo complanato; loculis linearibus adnatis, extrorsum v. sublateraliter rimosis. Carpella nunc 6, quorum oppositisepala 3 et oppositipetala 3, v. 2-∞, libera sessilia elongata; stylo terminali brevi; papillis stigmatosis apicalibus et decurrenti-ventralibus. Ovula ∞, in placentis parietalibus reticulato-ramosis conferta sessilia, anatropa v. subcampylotropa. Fructus e folliculis 6-∞, calyce involutis, teretiusculis angustis rostratis, tenuiter coriaceis, ventre dehiscentibus. Semina ∞, adscendentia minuta obovoidea, extus reticulatim impressa, lævia v. hispida; embryone conduplicatim hippocrepico. — Herbæ aquaticæ (lactescentes) stoloniferæ; ramis natantibus ramosis, ad nodos radicantibus et vaginis spathaceis involucratis; foliis natantibus ovato- v. cordato-orbicularibus; nervis ad apicem convergentibus; petiolo crasso, basi vaginante costaque limbi inflatis; floribus[1] longe crasseque pedunculatis. (America trop. austr.[2])

10. **Limnocharis** H. B. K.[3] — Flores (fere *Hydrocleidis*) hermaphroditi; sepalis 3, herbaceis, post anthesin persistentibus erectisque. Petala 3[4], alterna majora tenuissima imbricata. Stamina ∞, subhypogyna; filamentis subulatis; extimis anantheris; antheris basifixis linearibus erectis, lateraliter rimosis. Carpella ∞, libera dimidiato-ovoidea acuta compressa, spurie verticillata et in capitulum subglobosum conferta, apice acuta ibique dorso stigmatosa. Ovula ∞, placentis parietalibus affixa campylotropa. Folliculi ∞, sepalis involuti, lunato-curvati, ventre dehiscentes. Semina ∞, sub-4-drato-oblonga, extus spongiosa molliterque echinata; embryonis conduplicatim hippocrepici crure cotyledonari paulo minore. — Herbæ paludosæ glabræ scapigeræ; rhizomate tuberoso radices fibrosas gerente; foliis basilaribus longe crasseque petiolatis, elliptico-lanceolatis v. cordato-ovatis; nervis paucis ad apicem convergentibus; scapo brevi v. brevissimo, nunc elongato tereti erecto, 3-alato v. 3-gono, basi vaginato; cymis umbelliformibus bracteis late spathaceis involucratis; pedicellis inæquilongis. (America trop.[5])

1. Flavis, magnis speciosis.
2. Spec. 3, 4. VELL., *Fl. flum.*, Atl., X, t. 32 (*Sagittaria*). — SEUB., in *Mart. Fl. bras.*, III, I, t. 13, fig. 1, t. 16.— M. MICHELI, *Butom.*, 91 (*Limnocharis*). — *Bot. Reg.*, t. 1640. — *Bot. Mag.*, t. 3248 (*Limnocharis*).
3. *Pl. æquin.*, I, 116, t. 34. — L.-C. RICH., in *Mém. Mus.*, I, t. 19, fig. 2; t. 20. — ENDL., *Gen.*, n. 1046; *Iconogr.*, t. 26. — M. MICHELI,

Butom., 88 (part.). — BUCHEN., in *Engl. Bot. Jahrb.*, II, 469; *Pflanzenfam.*, loc. cit., 234. — B. H., *Gen.*, III, 1009, n. 12.
4. Flava.
5. Spec. 3, 4. L., *Spec.*, ed. II, 486 (*Alisma*). — MILL., *Dict.* (*Damasonium*). — HEMSL., *Bot. centr.-amer.*, III, 440. — SEUB., in *Mart. Fl. bras.*, loc. cit., 115. — DUCHASS., in *Bonplandia*, VII, 11. — *Bot. Mag.*, t. 2525.

CXIV

TRIURIDACÉES

Les *Triuris*[1] (fig. 125), qui ont donné leur nom à cette petite famille, sont d'humbles plantes brésiliennes, qui vivent sur les feuilles en décomposition et qui sont dépourvues de chorophylle. Leurs fleurs sont régulières et dioïques, avec un périanthe à trois ou six[2]

Triuris hyalina.

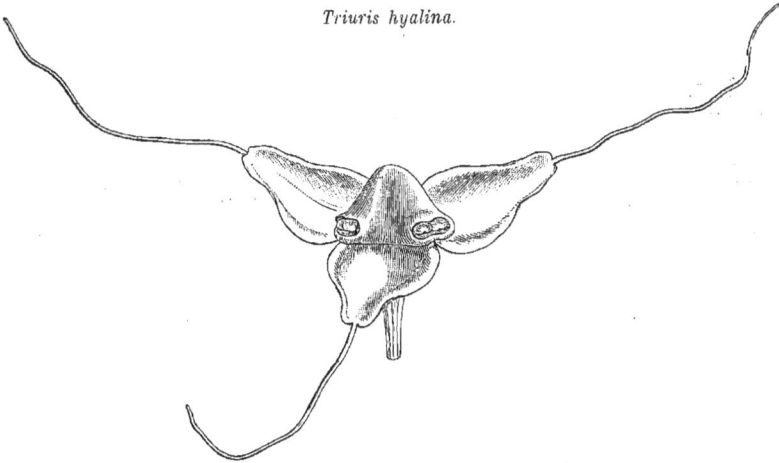

Fig. 125. Fleur ($\frac{4}{1}$).

lobes, de couleur blanchâtre ou jaunâtre, translucides. Le sommet de ces lobes valvaires est brusquement atténué en une queue étroite et souvent fort longue, infléchie-indupliquée dans le bouton et plus tard étalée. Ce périanthe s'insère sur la base d'un réceptacle en forme de cône ou de pyramide à sommet obtus sur lequel on remarque, un peu au-dessus du périanthe et dans l'intervalle de ses divisions, trois fossettes équidistantes dans chacune desquelles est

---

1. MIERS, in *Trans. Linn. Soc.*, XIX, 78, t. 7 ; XXI, 57. — B. H., *Gen.*, III, 1002, n. 1. — ENGL., *Pflanzenfam.*, Lief. 26, p. 238, fig. 179, Q-Z. — H. BN, in *Bull. Soc. Linn. Par.*, 1049. — *Peltophyllum* GARDN., in *Trans.* *Linn. Soc.*, XIX, 157, t. 15. — *Hexuris* MIERS, loc. cit., XXI, 44.

2. Quel que soit leur nombre, ils paraissent appartenir à un seul verticille. L'androcée n'a jamais aussi qu'un seul verticille.

plongée une anthère sessile, didyme, à deux loges déhiscentes par des fentes longitudinales et confluentes. Dans la fleur femelle, il n'y a pas d'ordinaire trace de l'androcée[1]. Le gynécée consiste en un nombre indéfini de carpelles, sessiles sur la convexité du réceptacle, avec un ovaire ovoïde, uniloculaire, atténué en un style terminal ou à peu près et stigmatifère vers son sommet aigu ou obliquement tronqué. A la base de l'angle interne s'insère un seul ovule ascen-

Sciaphila (Soridium) Spruceana.

Fig. 127. Fleur mâle.

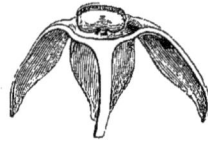

Fig. 128. Fleur mâle, coupe longitudinale.

Fig. 129. Fleur femelle.

Fig. 126. Inflorescence.

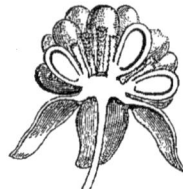

Fig. 130. Fleur femelle, coupe longitudinale.

Fig. 131. Carpelle, coupe longitudinale.

Fig. 132. Follicule déhiscent.

Fig. 133. Graine.

Fig. 134. Graine, coupe longitudinale.

dant, anatrope, à micropyle dirigé en bas et en dehors[2]. Le fruit n'est pas connu. On distingue deux *Triuris*. Ils ont une tige grêle, dressée, continue avec une petite souche qui porte des racines adventives, filiformes, enfoncées dans le terreau, et qui se termine par une, deux, trois ou quatre fleurs, à pédicelles grêles, sous-tendus par des bractées peu développées.

Dans les *Sciaphila* (fig. 126-134), qui ont le même mode de végé-

---

1. Tandis que la fleur mâle peut posséder çà et là des carpelles rudimentaires. La fente des anthères est finalement plutôt introrse.

2. On dit son tégument unique.

tation et habitent, au nombre d'une quinzaine, les régions tropicales
de l'Amérique du Sud, de l'Asie et de l'Océanie, les fleurs ont de
trois à huit parties au périanthe; et celui-ci s'insère sur les bords
d'une coupe plus ou moins profonde qui porte les étamines sur ses
bords ou plus ou moins profondément dans sa concavité. Le filet est nul
ou très court. Les carpelles sont également nombreux, avec un ovule
ascendant. Mais le style s'insère au même niveau à peu près que
l'ovule, et il peut même être tout à fait gynobasique.

C'est en 1841 que Miers décrivit le genre *Triuris* et en donna le
nom à la famille[1]. En 1850, il publia un tableau d'ensemble de ce
petit groupe où il fit entrer le *Sciaphila*, nommé par Blume en 1825.
Les quelques genres autres que le *Triuris*, distingués d'abord par
Miers, ont été réunis au *Sciaphila*. Ces plantes, qui appartiennent
aux tropiques des deux mondes, sont analogues aux Alismacées par
leur gynécée à carpelles nombreux et indépendants. Quand le style
devient gynobasique, ces carpelles rappellent ceux de certaines Rosa-
cées. La symétrie de l'androcée isostémoné est très remarquable
parmi les Monocotylédones, à cause de l'alternance des étamines avec
les pièces du périanthe. Le mode de végétation et les divisions du
périanthe unisériées et valvaires distinguent suffisamment ce petit
groupe des Alismacées dont il paraît d'ailleurs très voisin et qui sont,
elles plutôt, les analogues des Renonculacées. On ne connaît pas
jusqu'ici d'usages à ces curieux petits végétaux.

---

1. Lindl., *Veg. Kingd.*, 213, Ord. 67. —
Benth., *On the South-amer. Triurid.*, in *Hook.
Journ. Bot.* (1855). — Endl., *Gen.*, 57 ; Suppl.,
II, 1664. — Schnizl., *Iconogr.*, 57, Suppl. —
B. H., *Gen.*, III, 1001, Ord. 193. — Poulsen,
Bidr. til Triurid. Naturh., in *Vid. Medd. d.
nat. Foren Kjob.* (1886), 162, c. tab. 3. —
Engl., *Pflanzenfam., Lief.* 26, p. 235.

GENERA

1. **Triuris** MIERS. —Flores diœci regulares; receptaculo convexo; perianthio simplici profunde 1-seriatim 3-6-lobo; lobis e basi lata ovato-3-angulari in caudam filiformem lamina multo longiorem et in alabastro induplicatam abrupte attenuatis; præfloratione valvata. Stamina in flore masculo 3, cum perianthii foliolis alternantia; antheris sessilibus, basin versus receptaculi centralis magni obtuse conici v. pyramidati immersis; loculis remotis, 2-dymis, apice rima transversa confluentibus et inferne introrsum dehiscentibus. Floris fœminei carpella ∞, in receptaculo tumido sessilia libera; germinibus (in flore masculo nunc paucis rudimentariis) ovoideis, 1-locularibus, in stylum subulatum terminalem v. subterminalem attenuatis, apice acuto v. oblique truncato stigmatosis. Ovulum 1, adscendens; micropyle extrorsum infera. — Herbæ exiguæ (coloratæ); caule filiformi, 1-4-floro; pedicellis gracilibus, basi bracteatis. (*Brasilia.*) — *Vid. p.* 88.

2. **Sciaphila** BL.[1] — Flores[2] (fere *Triuridis*) monœci v. diœci, nunc raro polygami; receptaculo plus minus profunde cupulari. Perianthium margini insertum, 3-8-partitum v. profunde lobatum; segmentis ovato-lanceolatis v. subulatis, valvatis, æqualibus v. alternatim majoribus; apicibus plus minus elongatis, in æstivatione inflexis. Antheræ in flore masculo 2-6, sessiles v. filamento brevi receptaculo intus plus minus profunde affixæ, 2-dymæ, sæpius latiores quam longiores et rimis transversis extrorsis confluentibus v. singularibus

<hr/>

1. *Bijdr.*, 514; *Mus. lugd.-bat.*, I, 321, fig. 48. — B. H., *Gen.*, III, 1002, n. 2. — ENGL., *Pflanzenfam.*, Lief. 26, p. 237, fig. 179, A-Q; 180. — BECC., *Males.*, III, 329, t. 39-42. — *Aphylleia* CHAMP., in *Calc. Journ. Nat. Hist.*, VII, 468. — *Hyalisma* CHAMP., *loc. cit.* — MIERS, in *Trans. Linn. Soc.*, XXI, 48, t. 7, fig. 1-9. — *Soridium* MIERS, *loc. cit.*, 49, t. 7, fig. 10-28.

2. Albi, rosei v. rubri, parvi v. minimi.

dehiscentes; connectivo brevi v. nunc in filamentum subulatum recurvum nunc longissimum producto. Carpella in flore fœmineo ∞ (nunc in masculo rudimentaria); germine sessili; stylo ventrali, infra medium v. ad basin inserto, apice stigmatoso clavellato v. aspergilliformi, nunc longe subulato v. oblongo. Folliculi in fructu multiplici ∞, ventre verticeque rimosi. Semen erectum, pyriforme v. ellipsoideum, nunc hinc in alam plus minus expansam productum. — Herbæ simplices (coloratæ); radicibus paucis gracilibus flexuosis; caule gracili rigidulo flexuoso, parce squamato; floribus racemosis; pedicellis basi bracteatis, nunc subcorymbosis recurvis. (*America, Asia et Oceania trop.*[1])

1. Spec. ad 20. Miq., *Fl. ind. bat.*, III, 232. — Benth., in *Hook. Kew Journ.* (1855), 11. — Thw., *Enum. pl. Zeyl.*, 294. Species hucusque remanent indescriptæ nonnullæ.

CXV

TYPHACÉES

Les *Sparganium* [1] (fig. 135-138) représentent un type plus parfait de cette famille que les *Typha*, dont on lui a donné le nom. Ce sont des plantes à fleurs monoïques. Dans les mâles, il y a un petit réceptacle convexe, qui porte des folioles inégales, nombreuses, allongées

Sparganium ramosum.

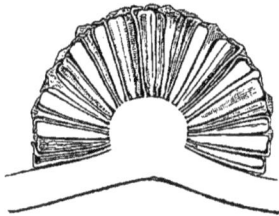

Fig. 135. Inflorescence mâle, coupe longitudinale.

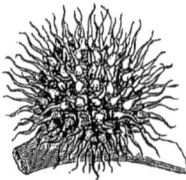

Fig. 136. Inflorescence femelle.

Fig. 137. Fleur femelle.

Fig. 138. Fleur femelle, coupe longitudinale.

ou cunéiformes, aplaties, en nombre variable (de deux à six), et qu'on a souvent considérées comme des sépales. En dedans de ces folioles sont des étamines, souvent superposées [2], en nombre variable aussi, formées d'un filet et d'une anthère basifixe, à sommet obtus, tronqué ou émarginé, avec deux loges submarginales, adnées au connectif et

---

1. T., *Inst.*, 530, t. 302. — L., *Gen.*, ed. I, n. 706; ed. VI, n. 1041. — J., *Gen.*, 26. — GÆRTN., *Fruct.*, I, t. 19. — NEES, *Gen. Fl. germ.*, *Monoc.*, III, n. 40. — SCHKUHR, *Handb.*, t. 282. — ENDL., *Gen.*, n. 1710. — B. H., *Gen.*, III, 955, n. 2.

— CELAK., in *Œster. Bot. Zeit.*, XXI, n. 4; in *Journ. Mor.* (1891), LII. — DIETZ, *Ueb. Entw. Bl. u. Fruct. v. Sparganium* (1887). — ENGL., *Pflanzenfam., Lief.* 13, p. 192, fig. 150.

2. Il y en a aussi d'alternes.

s'ouvrant par des fentes longitudinales[1]. Les fleurs femelles ont aussi

Typha angustifolia.

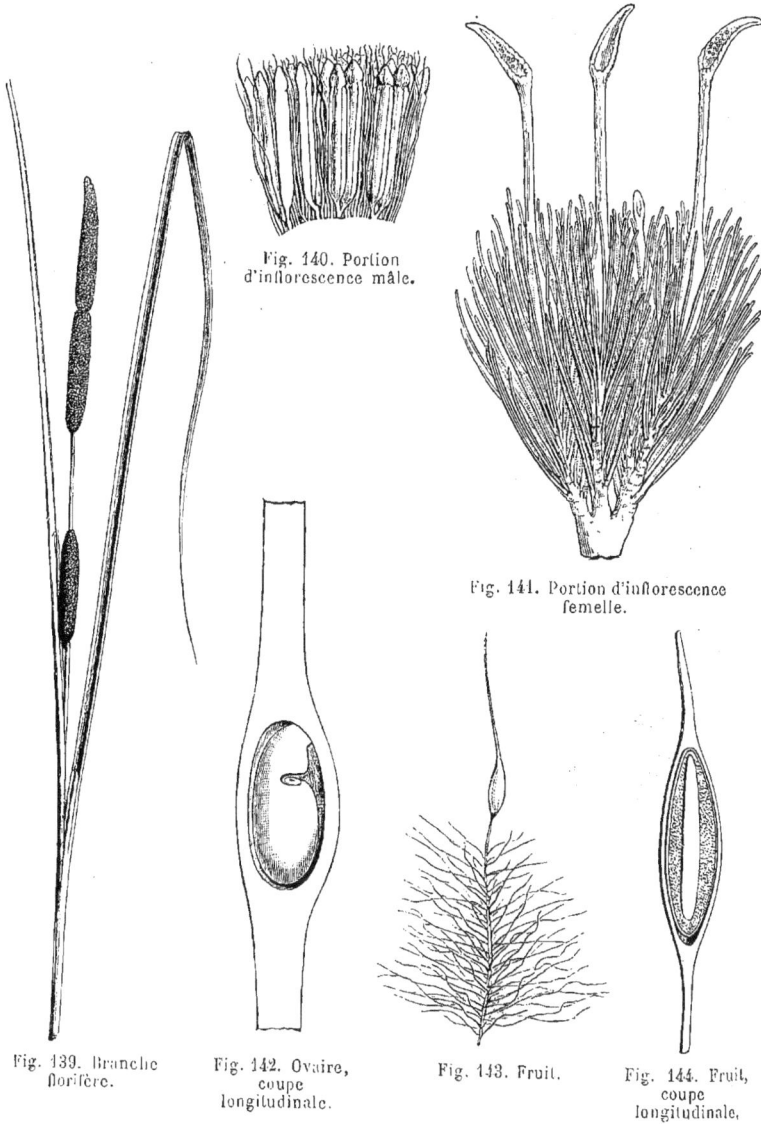

Fig. 140. Portion
d'inflorescence mâle.

Fig. 141. Portion d'inflorescence
femelle.

Fig. 139. Branche
florifère.

Fig. 142. Ovaire,
coupe
longitudinale.

Fig. 143. Fruit.

Fig. 144. Fruit,
coupe
longitudinale.

un petit réceptacle convexe. Il porte des folioles dites calycinales, en

1. Le pollen est sphérique, avec ou sans ombilic; les grains parfois rapprochés en tétrade.

nombre variable, et un gynécée libre, dont l'ovaire est ordinairement uniloculaire[1]; surmonté d'un style à longue portion stigmatifère unilatérale, subulée ou ligulée, avec un sillon longitudinal interne et de nombreuses papilles. Dans la loge ovarienne descend un ovule anatrope, qui a le micropyle dirigé en haut et en dedans[2]. Le fruit est sessile, fusiforme, cunéiforme ou obovoïde, anguleux, spongieux ou sec, avec un endocarpe plus dur et indéhiscent[3]. La graine est descendante, à albumen farineux, à embryon axile et cylindrique. On distingue une demi-douzaine de *Sparganium*[4] : ce sont des herbes aquatiques, dont le rhizome plongé dans la vase porte des racines adventives et des branches simples ou ramifiées, dressées ou couchées dans l'eau. Elles donnent insertion à des feuilles alternes, allongées-linéaires, entières, dressées ou nageantes, avec ou sans côte, dilatées en gaine à la base. Les fleurs sont disposées sur des axes simples ou ramifiés, en capitules sphériques, qui occupent l'aisselle d'une bractée. Les mâles sont supérieurs et sessiles; les femelles inférieurs, sessiles ou pédonculés. Ce sont des plantes des régions tempérées ou froides de l'hémisphère boréal des deux mondes et de l'Australie.

Les Massettes ou *Typha* (fig. 139-144) ont des fleurs réunies en épis cylindriques et unisexuées. Les étamines, en nombre indéfini, construites comme celles des *Sparganium*, sont accompagnées de fils ténus et articulés, plus ou moins dilatés au sommet, et qu'on a aussi considérés comme appartenant à un périanthe très réduit. Leur gynécée stipité a un ovaire et un ovule de *Sparganium*, et un style linéaire ou linguiforme. Leur fruit est sec, et leur graine a aussi un embryon axile, linéaire et albuminé. Ce sont des herbes aquatiques, vivaces, souvent très élevées, qui croissent dans les marais de toutes les régions tropicales et tempérées.

Cette petite famille a été constituée telle qu'elle est ici limitée par A.-L. DE JUSSIEU en 1789[5]. Les auteurs les plus récents l'ont partagée

---

1. Certains gynécées peuvent devenir dicarpellés, avec deux ovules et deux branches stylaires. En pareil cas, le fruit aussi peut devenir disperme.

2. A double tégument.

3. Sur le fruit et l'embryon, MIRB., in *Ann. Mus.*, XVI, t. 18. — A. JUSS., in *Ann. sc. nat.*, sér. 2, XI, t. 17, fig. 4.

4. GRIFF., *Icon. plant. asiat.*, t 166, 163. —

REICHB., *Ic. Fl. germ.*, IX, t. 124-126. — K., *Enum.*, III, 88. — BOISS., *Fl. or.*, V, 48. — GREN. et GODR., *Fl. de Fr.*, III, 336. — H. BN, *Iconogr. Fl. fr.*, n. 338; *Herbor. paris.*, 377.

5. *Gen. plant.*, 25, Ord. 2 (*Typhæ*). — *Typhaceæ* J.-S.-H., *Exp. fam.*, I, 60, t. 11. — LINDL., *Nat. Syst.*, ed. II, 335 (*Spadicearum* Ord.); *Veg. Kingd.*, 126 (*Aralium* Ord.). — B. H., *Gen.*, III, 954, Ord. 190. — *Typhinæ* H. B. K.,

en deux ordres, l'un pour le genre *Typha*[1], et l'autre pour le genre *Sparganium*[2]. Nous verrons qu'elle affecte des rapports étroits avec les Pandanacées et les Aracées. Cependant on peut aussi la considérer comme représentant une forme réduite des Alismacées et Naiadacées. Le périanthe n'y est plus représenté que par des squamules, paillettes ou fils grêles. Le mode d'inflorescence amentiforme, l'ovule descendant et anatrope, dans un carpelle indépendant, et l'embryon allongé, dans un abondant albumen farineux, sont les caractères principaux de ce type amoindri. Ce sont des plantes aquatiques, de toutes les régions tempérées; et les deux genres renferment une quinzaine d'espèces seulement.

Elles ont peu d'usages[3]. Les *Sparganium simplex*[4], *ramosum*[5] et *natans*[6] (fig. 135-138) ont, dit-on, des souches sudorifiques et des feuilles astringentes; ces dernières sont employées comme litière, pour faire des nattes et des toitures. C'est aussi l'usage de celles des *Typha*. Le *T. angustifolia*[7] (fig. 139-144) et le *T. latifolia*[8] sont encore recherchés pour l'abondant duvet qui accompagne leurs fruits. Il a été recommandé comme topique contre les brûlures. On en fait des moxas, des coussins et des matelas. Uni à la poix, il sert à calfater les navires. On nettoie avec lui les rouages des montres. En Perse, il est mélangé avec de la cendre et de la chaux vive pour la fabrication d'une sorte de stuc. Il a servi aussi à préparer certains tissus économiques. Le pollen se substitue à la poudre de Lycopode. Les rhizomes sont astringents, antidysentériques, antigonorrhéiques, diurétiques et antiscorbutiques. On en a quelquefois retiré de l'alcool. Les jeunes pousses se mangent en salades et peuvent aussi se confire[9].

Nov. gen. et spec., I, 82. — *Typhineæ* Rich., *Anal. fr.* (1808). — J., in *Dict.*, LVI, 188. — K., *Enum.*, III, 88 (Fam.).

1. Engl., *Pflanzenfam.*, Lief. 13, p. 183 (*Typhaceæ*).

2. Engl., *loc. cit.*, 192 (*Sparganiaceæ*).

3. Lindl., *Veg. Kingd.*, 126. — Endl., *Enchirid.*, 132. — Rosenth., *Syn. pl. diaphor.*, 144, 1090.

4. Huds., *Fl. angl.*, 401. — Gren. et Godr., *Fl. de Fr.*, III, 336. — *S. erectum* var. L. (*Ruban d'eau simple*).

5. Huds., *Fl. angl.*, 401. — Gren. et Godr., *loc. cit.* (*Rubanier*, *Rubaneau*, *Clous de Dieu*).

6. L., *Spec.*, 1378; *Fl. lapp.*, 271. — Gren. et Godr., *Fl. de Fr.*, III, 337. — *S. affine* Schnizl. (*Hérisson d'eau*, *Ruban d'eau nain*).

On a proposé les *Sparganium* comme remède de la morsure des serpents. On a aussi essayé de faire du papier avec leur duvet.

7. L., *Spec.*, 1377. — Gren. et Godr., *Fl. de Fr.*, III, 334 (*Petite Massette*, *Quenouille*, *Canne de jonc*).

8. L., *Spec.*, 1377. — Gren. et Godr., *Fl. de Fr.*, III, 224 (*Grande Massette*, *Masse d'eau*, *Marotte*, *Chandelle*, *Jonc de la Passion*, *Masse à bedeau*).

9. On emploie aux mêmes usages les *T. alba* et *elephantina* Roxb. En Australie, les indigènes se nourrissent des portions souterraines du *T. Shuttleworthii* F. Muell. Sur le pollen du *Typha*, substitué au Lycopode, voy. Guibourt, *Drog. simpl.*, éd. 7, II, 82. Celui du *T. angustifolia* est alimentaire à la Nouvelle-Zélande.

GENERA

1. **Sparganium** T. — Flores monœci capitati; perianthio e foliolis paucis inæqualibus elongato-cuneatis membranaceis formato. Stamina ∞, squamis ex parte opposita; filamentis liberis; antheris basifixis, oblongis v. cuneatis, apice obtusis, truncatis v. emarginatis; loculis adnatis, lateraliter rimosis. Germen solitarium sessile, 1-loculare v. rarius 2-carpellatum; ovulo in loculis descendente; micropyle introrsum supera; stylo subulato v. ligulato, 1-laterali, v. rarius 2-plici. Fructus sessilis, fusiformis, cuneiformis v. obovoideus, angulatus, extus siccus v. spongiosus; endocarpio duro indehiscente; loculis 1, 2, 1-spermis. Semen descendens; integumento tenui; albumine farinaceo; embryone axili cylindraceo. — Herbæ aquaticæ; rhizomate crassiusculo v. tenui; ramis simplicibus v. ramosis, in aqua erectis v. pronis; foliis alternis lineari-elongatis, erectis v. natantibus, integris, costatis v. ecostatis, basi vaginantibus; floribus pedunculo simplici v. ramoso insertis; masculis superioribus sessilibus; fœmineis inferioribus, sessilibus v. pedunculatis. (*Hemisph. bor. orbis utriusq. reg. temp. et subfrigid., Australasia.*) — *Vid. p. 93.*

2. **Typha** T.[1] — Flores monœci; perianthio (?) e filis tenuissimis articulatis, apice sæpe varie dilatatis, formato. Stamina ∞; filamentis variis, liberis v. connatis; antheris basifixis lineari-oblongis; loculis

---

1. *Inst.*, 530, t. 301.—L., *Gen.*, ed. I, n. 707; ed. VI, n. 1040. — J., *Gen.*, 25. — GÆRTN., *Fruct.*, t. 2. — K., *Enum.*, III, 90, 583. — TURP., in *Dict. sc. nat.*, Atl., t. 9. — DUPONT, in *Ann. sc. nat.*, sér. 2, I, 57. — L.-C. RICH., in *Ann. Mus.*, XVII, t. 5; in *Guillem. Arch. bot.*, I, 193, t. 6.—NEES, *Gen. Fl. germ., Monoc.*, III, n. 41. — ENDL., *Gen.*, n. 1709. — SPACH, *Suit. à Buff.*, t. 93. — PAYER, *Organog.*, t. 139, fig. 26-30. — ROHRB., in *Verh. Bot. Ver. Brandenb.*, XI, 67. — B. H., *Gen.*, III, 955, n. 1. — CELAK., in *Flora* (1885), n. 35; in *Œstr. Bot. Zeitschr.* (1891). — DIETZ, in *Termész. Füzet.*, X (1886). — KRONF., in *Sitz. Kais. Akad. Wiss.* (1886). — ENGL., *Pflanzenfam.*, Lief. 13, p. 183, fig. 143, 144.

adnatis, 2-locellatis, lateraliter rimosis; connectivo truncato v. varie producto[1]. Germen angustum, varie stipitatum, 1-loculare; stylo gracili, apice stigmatoso varie lineari v. linguiformi-dilatato. Ovulum 1, descendens; micropyle introrsum supera. Fructus[2] varie stipitatus, siccus, demum fissus. Semen descendens striatum; albumine farinaceo; embryone axili cylindraceo subæquilongo. — Herbæ paludosæ, nunc elatæ; rhizomate valido repente; foliis basilaribus lineari-elongatis, costatis v. ecostatis; caulinis minoribus paucis; floribus pedunculo valido insertis; spadicibus masculis et fœmineis cylindraceis consimilibus, contiguis superpositis v. remotis, aut nudis, aut spatha foliiformi caduca stipatis. (*Orbis utriusq. reg. temp. et calid. palud.*[3])

---

1. Polline conglobato-4-lobo.
2. Ob fila ventis deflatus.
3. Spec. ad 10. WEBB, *Phyt. canar.*, t. 218.— REICHB., *Ic. Fl. germ.*, IX, t. 319-323. — BOISS.,

Fl. or., V, 49. — BRANDZ., *Prodr. Fl. rom.*, 464. — GREN. et GODR., *Fl. de Fr.*, III, 333. — H. BN, *Iconogr. Fl. fr.*, n. 375; *Herbor. paris.*, 377. — WALP., *Ann.*, III, 495; V, 862.

CXVI
NAJADACÉES

I. SÉRIE DES TROSCARTS.

Les fleurs sont généralement hermaphrodites, plus rarement polygames, dans les Troscarts[1] (fig. 145-150). Leur réceptacle convexe

Triglochin maritimum.

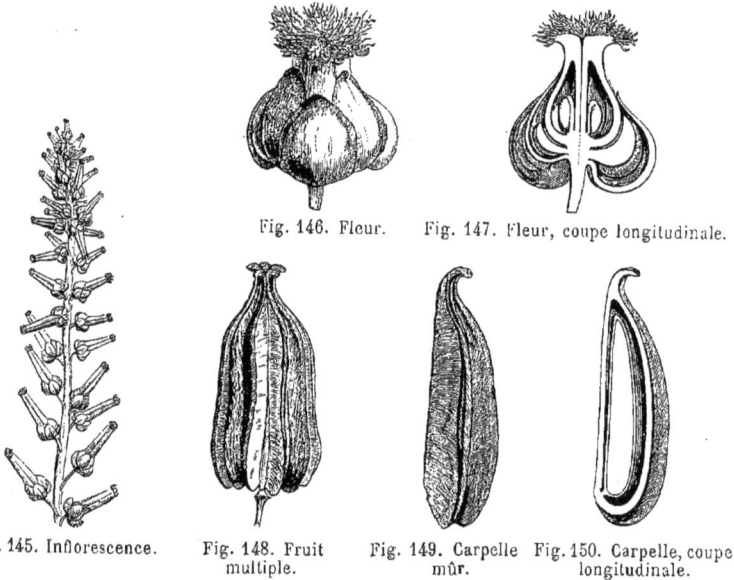

Fig. 146. Fleur.

Fig. 147. Fleur, coupe longitudinale.

Fig. 145. Inflorescence.

Fig. 148. Fruit
multiple.

Fig. 149. Carpelle
mûr.

Fig. 150. Carpelle, coupe
longitudinale.

porte deux rangées de trois folioles herbacées, imbriquées au début
dans la préfloraison et cessant de bonne heure de se toucher[2]. Il y a

1. L., *Gen.*, ed. I, n. 302; ed. VI, n. 453. —
J., *Gen.*, 47. — GÆRTN., *Fruct.*, II, t. 81. —
NEES, *Gen. Fl. germ.*, *Monoc.*, II, n. 28. —
L.-C. RICH., in *Ann. Mus.*, XVII, t. 5. — ENDL.,
Gen., n. 1039. — SCHKUHR, *Handb.*, t. 102. —
J. DE CORDEM., in *Adansonia*, III, 12. — B. H.,
Gen., III, 1012, n. 1. — M. MICHELI, *Juncag.*, in
DC. Mon. Phaner., III, 96. — BUCHEN., in *Engl.*

Bot. Jahrb., II, 505; *Pflanzenfam.*, *Lief.* 26,
p. 224, fig. 170. — *Cycnogeton* ENDL., in *Ann.
Wien. Mus.*, II, 210; *Iconogr.*, t. 73. — *Maundia*
F. MUELL., *Fragm. phyt. Austral.*, I, 23.

2. Des folioles extérieures, deux sont posté-
rieures et recouvertes dans la préfloraison. Des
intérieures, la postérieure est le plus souvent
enveloppée.

un assez grand intervalle sur le réceptacle entre l'insertion des trois
extérieures et celle des trois intérieures. Les étamines sont souvent
au nombre de six[1], superposées chacune à une division du périanthe
et formées d'une anthère presque sessile[2], biloculaire, extrorse,
déhiscente par deux fentes longitudinales. Le gynécée peut être
composé de six carpelles, superposés également aux folioles du
périanthe; ils sont libres ou unis dans une étendue variable et ont un
ovaire uniloculaire, surmonté d'un bouquet de papilles stigmatiques.
Chaque ovaire renferme un ovule ascendant, subbasilaire, anatrope, à
micropyle dirigé en bas et en dehors[3]. Il y a des espèces dans lesquelles trois des carpelles avortent alternativement et disparaissent
ou ne sont représentés que par des baguettes arquées et stériles, superposées aux folioles intérieures du périanthe. Le fruit est formé de
trois à six carpelles plus ou moins allongés, à section transversale
circulaire ou radialement allongée, ou anguleux ou costés, secs ou
légèrement charnus, se séparant les uns des autres à partir de la
base, et indéhiscents ou déhiscents suivant leur bord ventral. Leur
base peut être pourvue de deux saillies en forme d'éperon. La graine[4]
ascendante, arrondie ou comprimée, a des enveloppes minces et un
embryon à cotylédon étroit et aigu, avec une fente latérale rapprochée de l'extrémité radicale et au fond de laquelle se trouve la
gemmule. Les Troscarts sont, au nombre d'une douzaine[5], des
herbes dressées, à rhizome vivace, souvent tubéreux, parfois stoloni-
fères, avec des racines adventives grêles ou tubéreuses. Les feuilles
sont alternes, rapprochées, allongées, aplaties ou arrondies, parfois
nageantes. Les fleurs sont disposées, en haut d'un axe commun, en
épis ou en grappes, ordinairement sans bractée ni bractéoles. Ces
plantes habitent les eaux douces ou salées des régions tempérées et
froides des deux hémisphères.

A côté des Troscarts se rangent les *Scheuchzeria*, de l'Europe et de
l'Amérique du Nord, qui ont aussi un double périanthe trimère à
leurs fleurs hermaphrodites, avec six étamines hypogynes et trois
carpelles pluriovulés; et les *Tetroncium*, des régions Magellaniques,

---

1. Celles qui sont superposées aux folioles
extérieures du périanthe se dégagent de bonne
heure et se portent en dehors d'elles. Les trois
autres demeurent généralement en dedans de
la foliole à laquelle elles correspondent.
2. Souvent dorsifixe vers sa base.
3. Son tégument est double.
4. B.-Mirb., in *Ann. Mus.*, XVI, t. 16.

5. Jacq., *Ic. rar.*, t. 454. — Griff., *Ic. pl.
as.*, t. 271. — Schnizl., *Iconogr.*, I, t. 49. —
Engl., in *Mart. Fl. bras.*, III, I, t. 12. —
Benth., *Fl. austral.*, VII, 165. — Hook., *Icon.*,
t. 416, 579, 728, 731. — Hook. F., *Fl. N. Zel.*,
I, 235. — Ledeb., *Fl. ross.*, IV, 35. — Reichb.,
Ic. Fl. germ., VII, t. 51, 51 b, 52. — Gren. et
Godr., *Fl. de Fr.*, III, 309.

qui ont des fleurs dioïques, quatre folioles au périanthe, des étamines
et des carpelles uniovulés, également au nombre de quatre.

II. SÉRIE DES LILÆA.

Les *Lilœa* [1] (fig. 151-156) ont des fleurs nues et trimorphes sur un
même pied : des mâles monandres ; des femelles constituées par un
gynécée unicarpellé ; enfin des fleurs hermaphrodites, dont le gynécée

Lilœa subulata.

Fig. 152. Fleur hermaphrodite.

Fig. 155. Graine.

Fig. 153. Fleur hermaphrodite, coupe longitudinale.

Fig. 154. Gynécée longistyle.

Fig. 151. Inflorescence.

Fig. 156. Embryon.

est accompagné d'une étamine hypogyne, antérieure, fertile ou peut-
être parfois stérile. L'étamine dressée a un court filet, parfois adné à
la bractée axillante, et une anthère basifixe, biloculaire, déhiscente
par deux fentes longitudinales. Le gynécée se compose d'un ovaire

---

1. H. B., *Pl. æquin.*, I, 222, t. 63. — L.-C.
RICH., in *Mém. Mus.*, I, 365. — POIR., *Dict.*,
XXVI, 412. — LAMK, *Ill.*, t. 993. — TURP., in
Dict. sc. nat., Atl., t. 40. — ENDL., *Gen.*,
n. 1037. — HIERON., in *Sitz. Ber. Ges. naturf.*
Berl. (1878), 111; in *Act. Acad. nac. cienc.*
Cordob., IV. — SCHNIZL., *Iconogr.*, I, t. 49. —
M. MICHELI, *Juncag.*, 111. — B. H., *Gen.*, III,
1013, n. 4. — BUCHEN. et HIERON., *Pflanzen-
fam.*, Lief. 26, p. 225, fig. 172. — H. BN, in
Bull. Soc. Linn. Par., 743. — *Heterostylus*
HOOK., *Fl. bor.-amer.*, II, 171, t. 185.

libre, uniloculaire, surmonté d'un style court dont l'extrémi
dilatée en une petite tête stigmatifère. Il y a toutefois des
femelles solitaires dans lesquelles le style est beaucoup plus l(
grêle. Dans la loge ovarienne se voit un seul ovule, dressé, ana
à micropyle inférieur. Le fruit est oblong ou lancéolé, très comp
marginé ou étroitement ailé, sec, coriace, costé, indéhiscent. Ai
il est arqué, trigone, sans aile, avec une dent d'un côté. La ʒ
unique est dressée, à tégument membraneux, avec un em!
allongé, rectiligne, plus épais en bas, du côté de la radicule, plu;
à l'extrémité cotylédonaire. La seule espèce connue[1] est une herl
marais, très variable, cespiteuse, molle, à rhizome court, porta
grand nombre de racines adventives, fibreuses. Les feuilles basi
sont linéaires-ligulées, membraneuses, entières, dilatées en gɛ
leur base, avec des nervures parallèles. Les fleurs sont disposé
épis ovoïdes, longuement pédonculés, avec des bractées uniflo
caduques. Il y a des fleurs femelles, plus grandes que les autres
sont sessiles et solitaires à la base des feuilles et qui ont le long
dont nous avons parlé. La plante habite l'Amérique méridio
dans la région tropicale et sous-tropicale, et la région austro
dentale de l'Amérique du Nord.

III. SÉRIE DES POTAMOTS.

Les Potamots[2] (fig. 157-161) ont des fleurs régulières et he
phrodites. Leur réceptacle convexe porte quatre sépales, deux
raux, un antérieur et un postérieur, imbriqués d'une façon vari
dans le bouton. Une étamine est superposée à chacun d'eux, cc
avec une sorte d'onglet rétréci de leur base, et paraissant porté
eux. Le fil est court ou nul, et l'anthère didyme a deux loges extrɛ
plus ou moins nettement séparées l'une de l'autre et déhisc

---

1. *L. subulata* H. B. — S.-WATS., *Bot. Calif.*, II, 193. — K., *Syn.*, 1, 258; *Enum.*, III, 141. — *Heterostylus gramineus* HOOK.
2. *Potamogeton* T., *Inst.*, 232, t. 103. — L., *Gen.*, ed. I, n. 92; ed. VI, n. 174. — J., *Gen.*, 19. — TURP., in *Dict. sc. nat.*, Atl., t. 2. — GÆRTN., *Fruct.*, II, t. 84. — B.-MIRB., in *Ann. Mus.*, XV, t. 18. — L.-C. RICH., in *Ann. Mus.*, XVII, t. 5, fig. 31-37. — NEES, *Gen. Fl. germ.*,

Monoc., III, n. 48. — SCHNIZL., *Iconog*ɾ — ENDL., *Gen.*, n. 1664. — B. H., *Gɛ* 1014, n. 6. — ASCHERS., *Pflanzenfam.*, ʌ p. 207, fig. 160. — *Peltopsis* RAFIN., iɾ *phys.*, LXXXIX, 101. — *Spirillus* J. *C. rend. Ac. sc.* (avr. 1854). — Groɛ J. GAY, *loc. cit.*

3. Souvent décussés; dans ce cas, l latéraux sont intérieurs.

chacune par une fente longitudinale. Le gynécée se compose de quatre carpelles alternes avec les étamines, libres et formés chacun d'un ovaire sessile, surmonté d'un style épais, à surface stigmatifère subapicale ou introrse, de forme variable. Dans chaque ovaire se trouve, inséré dans l'angle interne, un ovule descendant, ou à peu près, orthotrope[1], à micropyle inférieur, ou, suivant l'âge, plus ou moins arqué, à convexité dorsale. Le fruit est formé de quatre ou d'un nombre moindre d'achaines[2], à péricarpe membraneux, coriace, dur ou spongieux, obtus ou uncinés au sommet. Ils renferment chacun

Potamogeton crispum.

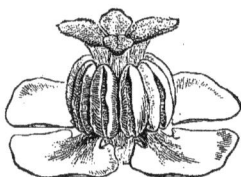

Fig. 158. Fleur.

Fig. 160. Fruit.

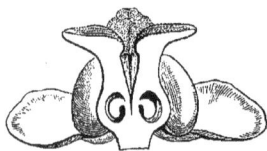

Fig. 159. Fleur, coupe longitudinale.

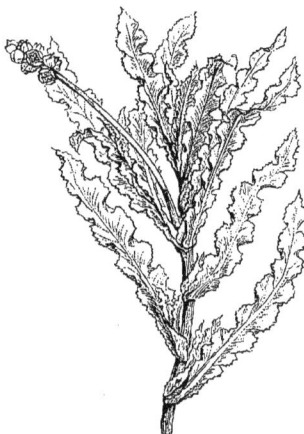

Fig. 157. Branche florifère.

Fig. 161. Fruit, coupe longitudinale.

une graine descendante, réniforme et arquée, dont les téguments membraneux enveloppent un embryon macropode, à extrémité cotylédonaire supérieure, atténuée, arquée ou involutée. Les Potamots sont des herbes vivaces, aquatiques, nageantes ou submergées, à rhizome ramifié[3], portant des rameaux feuillés, assez souvent émergés, dichotomes. Les feuilles sont alternes, distiques ou rarement opposées, flottant à la surface de l'eau et plus ou moins épaisses et rigides, ou submergées et membraneuses, souvent délicates, dilatées à leur base en lame stipuliforme, intrafoliaire, ligulée, libre ou unie avec la feuille ou son pétiole dans une étendue variable[4]. Les fleurs s'épa-

1. À double tégument.
2. Souvent d'abord subdrupacés.
3. Sur la racine et sa structure, SAUVAG., in *Journ. Morot* (1889).

4. Coss., *Sur la stipule et la préfeuille dans le genre* Potamogeton, in *Bull. Soc. philom.* (1860); in *Bull. Soc. bot. Fr.* (1860), VII, 715. L'étude de la préfeuille est ici d'un grand intérêt.

nouissent hors de l'eau; elles sont disposées en épis axillaires, pourvus à leur base d'une spathe membraneuse, sans bractées ni bractéoles. On estime à une cinquantaine le nombre des espèces[1] de ce genre; elles appartiennent à toutes les régions du globe.

A côté des *Potamogeton* se rangent les *Ruppia* (fig. 162-166), qui

Ruppia maritima.

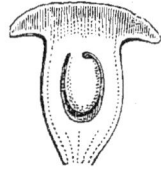

Fig. 164. Fleur femelle, coupe longitudinale.

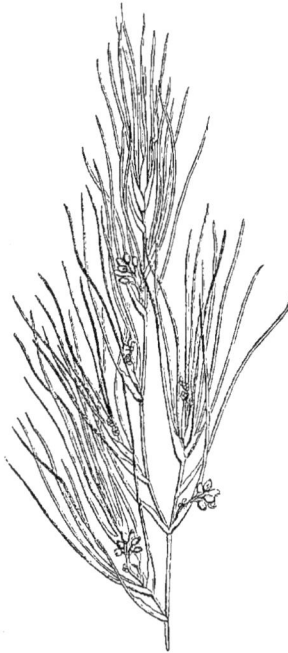

Fig. 163. Groupes floraux.

Fig. 165. Fruit.

Fig. 162. Port.

Fig. 166. Fruit, coupe longitudinale.

habitent les marais salés des régions tempérées et sous-tropicales, et qui se distinguent principalement par des fleurs dépourvues de périanthe, et auxquelles succèdent des fruits finalement longuement

1. K., *Enum.*, III, 127. — Robb., in *A. Gray Mon. bot. Un.-St.*, ed. V, 484. — Coss., *Fl. atl.*, ed. II, t. 35-37. — Raoul, *Fl. N.-Zél.*, t. 7. — Hook. f., *Handb. N. Zeal. Fl.*, 278. — Benth., *Fl. austral.*, VII, 169. — R. et Pav., *Fl. per. et chil.*, t. 106. — A. Benn., in *Trim. Journ.* (1890, 1891). — Feyer, in *Trim. Journ.* (1891), 289. — Boiss., *Fl. or.*, V, 15. — Schinz, in *Ber. d. Schw. Bot. Ges.*, Heft 1 (1891), 52. — Reichb., *Iconogr. bot.*, t. 175, 176, 184, 185; *Ic. Fl. germ.*, t. 18-50. — Willk. et Lge, *Prodr. Fl. hisp.*, I, 28. — Brandz., *Prodr. Fl. rom.*, 461. — Gren. et Godr., *Fl. de Fr.*, III, 311. — Gaudefr., in *Bull. Soc. bot. Fr.*, X, 570. — Walp., *Ann.*, I, 766; III, 504.

stipités ; le pied tordu en spirale. Ce sont des herbes à feuilles opposées et alternes, linéaires ou sétacées; les épis terminaux, pauciflores,
d'abord inclus dans une gaine foliaire. L'ovaire est surmonté d'un
plateau stigmatique discoïde.

IV. SÉRIE DES ZANNICHELLIA.

Les fleurs des *Zannichellia*[1] (fig. 167-169) sont monoïques. Les
mâles sont nues ; elles sont représentées par une étamine à support

Zannichellia palustris.

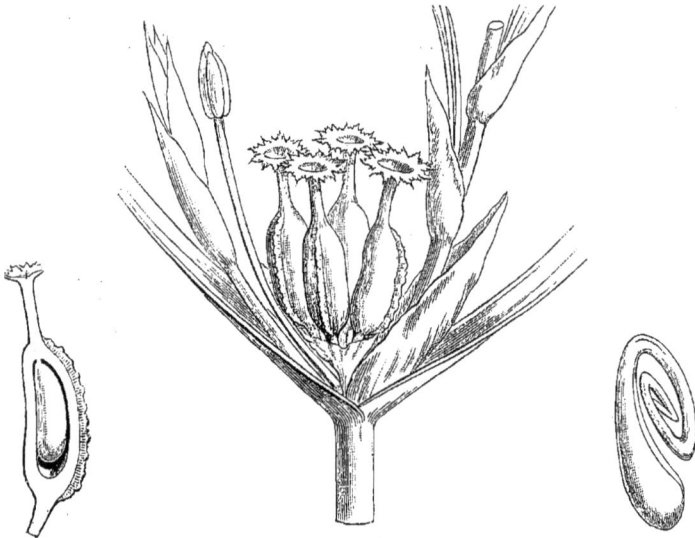

Fig. 168. Carpelle, coupe   Fig. 167. Inflorescence.   Fig. 169. Embryon.
longitudinale.

grêle, allongé ou quelquefois court, à anthère basifixe, linéaire, avec
un connectif apiculé et deux ou trois loges qui s'ouvrent par des
fentes longitudinales[2]. La fleur femelle est sessile, avec un périanthe
court, cupuliforme et translucide. Le gynécée est formé de deux à

---

1. Micheli, *Nov. pl. gen.*, 70, t. 34. — L., *Gen.*, ed. I, n. 700; ed. VI, n. 1034. — J., *Gen.*, 19. — Gærtn., *Fruct.*, 1, t. 19. — Lamk, *Ill.*, t. 741. — Nees, *Gen. Fl. Germ.*, *Monoc.*, III, n. 46. — Endl., *Gen.*, n. 1662. — B.-Mirb., in *Ann. Mus.*, XVI, 18. — L.-C. Rich., in *Ann. Mus.*, XVII, t. 5, fig. 38-41. — B. H., *Gen.*, III, 1016, n. 10. — Aschers., *Pflanzen-fam.*, Lief. 26, p. 213, fig. 161. — *Algoides* Vaill., in *Act. Acad. Par.* (1719), 12.

2. Le pollen est sphérique. Sur la féconda-tion, voy. Roze, in *Journ. Morot* (1887), 296.

dix carpelles, sessiles ou stipités, avec un ovaire atténué en un style court ou long, dont le sommet stigmatifère est largement dilaté et obliquement pelté. Du haut de l'angle interne de l'ovaire descend un ovule orthotrope, à micropyle inférieur[1]. Le fruit multiple est formé de carpelles réniformes-oblongs, crénelés ou ondulés sur le dos, surmontés d'un reste du style. La graine descendante a un tégument mince et un embryon charnu, cylindrique, à extrémité radiculaire obtuse, plus épaisse, et à sommet cotylédonaire longuement atténué, trois fois induplíqué sur lui-même. Notre seul *Zannichellia* connu[2], plante à variétés nombreuses, habite les marais du monde entier. C'est une herbe délicate, submergée, à rhizome grêle et rampant dans la vase, avec des nœuds saillants. Les branches et les rameaux sont capillaires; ils portent des feuilles linéaires, la plupart opposées, dilatées à leur base en une gaine stipuliforme. Les fleurs sont d'abord terminales, puis rejetées de côté par le développement de l'axe sympodial. Elles sont, dans les deux sexes, entourées de gaines membraneuses; les mâles solitaires au-dessous des femelles.

Althenia australis.

Fig. 170. Fleurs des deux sexes. Fig. 171. Fleur femelle, coupe longitudinale. Fig. 172. Embryon.

Les *Althenia* (fig. 170-172), petites herbes marines, sont voisins des *Zannichellia* et s'en distinguent : par la présence, sous leur fleur, de trois écailles ; par des femelles à trois carpelles droits ; un embryon à sommet cotylédonaire induplíqué ou même fortement involuté. Ils sont méditerranéens et australiens.

1. A double tégument.
2. *Z. palustris* L., *Spec.*, 1375. — W., *Spec.*, IV, 181. — Trevir., *Symb.*, t. 45-47. — Steinh., in *Ann. sc. nat.*, sér. 2, IX, 87, t. 3, 4. — Griff., *Notul.*, III, 190 ; *Ic. pl. asiat.*, t. 255, 256. — Schnizl., *Iconogr.*, t. 71. — A. Gray, *Man.*, ed. VI, 565. — Hook. f., *Handb. N. Zeal. Fl.*, 279. — Boiss., *Fl. or.*, V, 14. — Gren. et Godr., *Fl. de Fr.*, III, 320. — *Trim. Journ.* (1891), 216.— *Z. repens* Bor. — *Z. dentata* W.

V. SÉRIE DES PHUCAGROSTIS.

Les *Phucagrostis*[1] (fig. 173-176) ont les fleurs dioïques. Dans les mâles, un pied commun porte deux anthères sessiles, unies dos à dos, qui ont deux loges indépendantes au sommet et à la base, extrorses et déhiscentes par des fentes longitudinales[2]. Les fleurs

Phucagrostis (Phycoschœnus) isoetifolia.

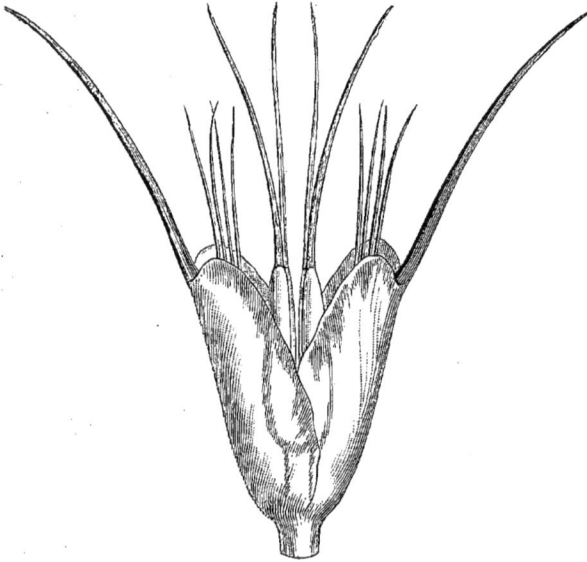

Fig. 173. Inflorescence femelle.

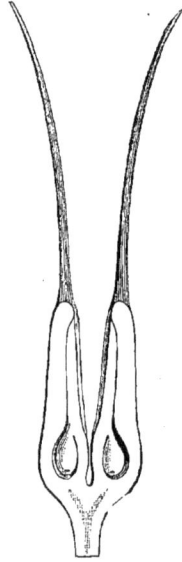

Fig. 174. Fleur femelle, coupe longitudinale.

femelles ont aussi, sur un pied cylindrique commun, deux carpelles ovoïdes, portant un sillon ventral et atténués supérieurement en un style à deux longues branches subulées. Dans la loge ovarienne est attaché, près du sommet, un ovule descendant, orthotrope, à micropyle tourné en bas. Les fruits sont sessiles ou stipités, obliquement

1. CAVOL., in *Phuc. Theophr. Anth.* (part.); in *Ust. N. Ann.*, V, 42, t. 3. — W., *Spec.*, IV, 649. — BORN., in *Ann. sc. nat.*, sér. 5, I, 5, t. 1-11. — *Cymodocea* KŒN., *Ann. Bot.*, II, 96, t. 7. — ENDL., *Gen.*, n. 1657. — ASCHERS., in *Linnæa*, XXXV, 160 ; in *N. Giorn. bot. ital.*, II, 180; in *Anl. wiss. Beob. Reis.* (1888), 197 ; *Pflanzenfam.*, *Lief.* 26, p. 210, fig. 162, 163. — B. H., *Gen.*, III, 1018, n. 16. — *Amphibolis* AGH, *Syst. Alg.*, 192. — *Graumüllera* REICHB., *Consp.*, 43.

2. Le pollen est confervoïde.

ovoïdes, gonflés ou comprimés, parfois marginés, coriaces ou légèrement charnus. Chacun d'eux renferme une graine descendante,
arrondie ou aplatie, dont l'embryon conforme a une extrémité cotylédonaire caudiforme, ascendante, placée latéralement au milieu et
appliquée contre le bord de l'embryon.

Ce sont, au nombre de trois[1], des herbes submergées, vivaces, des
plages maritimes, tropicales et sous-tropicales, de l'ancien monde,
des Antilles et du Chili. Elles ont un
rhizome rampant et rigide, avec des
nœuds articulés et radicants, émettant
des branches courtes et dressées, ou
allongées et dichotomiquement ramifiées. Les feuilles sont étroites, allongées, graminiformes, . fasciculées au
niveau des nœuds ou rapprochées et
imbriquées, dans l'ordre distique, au
sommet des rameaux. Courtes ou allongées, entières ou serrulées, elles se di-
latent à leur base en une gaine stipuli-

Phucagrostis (Cymodocea Webbiana[2]).

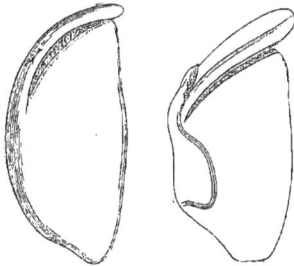

Fig. 175. Embryon. Fig. 176. Embryon,
              coupe longitudinale.

forme, souvent courtement ligulée. Les fleurs sont terminales, alors
même que la végétation sympodiale de ces plantes les dispose au
niveau d'une feuille.

Les *Diplanthera*, des Océans Indien et Atlantique, sont voisins des
Phucagrostis; mais à chacun de leurs carpelles répond une branche
stylaire unique et non divisée en deux rameaux.

VI. SÉRIE DES NAJAS.

Les *Najas*[3] (fig. 177-184), qui donnent leur nom à la famille, n'en
représentent cependant qu'un type fort amoindri. Leurs fleurs sont
unisexuées, monoïques ou dioïques. Dans les mâles, il y a double

1. K., *Enum.,* III, 118 (*Cymodocea*). —
BENTH., *Fl. austral.,* VII, 177 (part.). — LABILL.,
Pl. N.-Holl., t. 40 (*Ruppia*). — BOISS., *Fl. or.,*
V, 20 (*Cymodocea*).
2. Figure (imparfaite) du mémoire de A. DE
JUSSIEU (in *Ann. sc. nat.,* sér. 2, XI, t. 17).
3. L., *Gen.,* ed. I, n. 701 ; ed. VI, n. 1096. —

B. JUSS., *Hort. trian.* (*Naias*). — A.-L. JUSS.,
Gen., 19 (*Naias*). — W., in *Mém. Ac. sc. Berl.*
(1801), 85. — L.-C. RICH., in *Ann. Mus.,* XVII,
t. 1. — ENDL., *Gen.,* n. 1656. — NEES, *Gen.
Fl. germ., Monoc.,* III, n. 44. — B. H., *Gen.,*
III, 1018, n. 15. — MAGN., *Beitr. z. Kenntn.
Gatt. Najas* (1870) ; in *N. Giorn. bot. ital.,* II,

enveloppe florale : l'une extérieure, tubuleuse, ou plus ou moins
ventrue, en forme de sac presque entier, ou quadridenté, ou qua-
drifide au sommet; l'autre intérieure, très ténue, translucide[1],

Najas major.

Fig. 178. Fleur
mâle.

Fig. 179. Fleur
mâle ouverte.

Fig. 182. Fruit.

Fig. 180.
Gynécée.

Fig. 181. Gynécée,
coupe
longitudinale.

Fig. 184.
Embryon.

Fig. 177. Branche florifère.

Fig. 183. Fruit,
coupe
longitudinale.

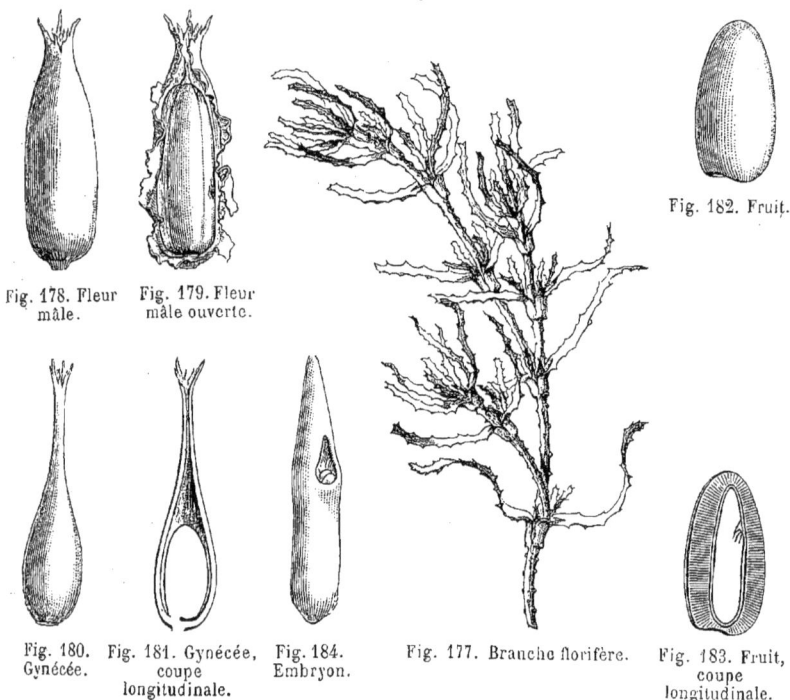

appliquée exactement sur l'étamine qui est unique et formée d'une
anthère sessile, ovoïde ou oblongue, dressée, apiculée ou bicuspidée
à son sommet, et partagée en une, ou de deux à quatre loges qui
renferment le pollen[2]. La fleur femelle a un seul carpelle sessile, dont
l'ovaire[3] est ovoïde ou plus allongé, atténué en un style creux qui
a le sommet partagé en branches subulées, inégales, dont le nombre
varie d'une à quatre. A la base de la loge ovarienne s'insère un ovule

187; *Pflanzenfam., Lief.* 26, p. 214, fig. 165.
— *Fluvialis* MICHELI, *Nov. gen.*, t. 8. — PERS.,
Syn., II, 530. — *Itinera* GMEL., *Fl. bad.*, III,
t. 4. — *Caulinia* W., in *Mém. Ac. sc. Berl.*
(1798), 87; in *Kœn. et Sims Ann. bot.*, II, 48,
t. 1, 2. — ENDL., *Gen.*, n. 1655. — NEES, *Gen.
Fl. germ., Monoc.*, II, n. 45.

1. Ces enveloppes se déchirent souvent irrégulièrement par des fentes longitudinales.
2. Le pollen est sphérique.
3. Une lame très mince se sépare parfois de
la surface de l'ovaire (que plusieurs auteurs ont
considéré comme étant, dans ce cas, peut-
être infère).

dressé, anatrope, dont le micropyle est dirigé en bas et en dehors[1]. Le fruit indéhiscent a un péricarpe crustacé, avec une couche extérieure souvent un peu charnue. La graine dressée renferme, sous un très mince tégument, un embryon rectiligne, dont le sommet cotylédonaire est plus aigu que la base radiculaire, avec une ouverture latérale béante au fond de laquelle se voit la gemmule. On distingue une dizaine d'espèces[2] de ce genre. Ce sont des herbes submergées, des régions tropicales et tempérées des deux mondes. Elles ont un rhizome grêle, qui rampe dans la vase et qui émet dans l'eau des branches annuelles, herbacées, fragiles, souvent ténues, parfois mollement muriquées. Les feuilles sont opposées, verticillées par trois, ou alternes, entières, serrulées, dentées ou sinuées, sans nervures latérales. Leur base se dilate en une courte gaine membraneuse. Les fleurs sont axillaires, solitaires ou disposées en glomérules unipares, pédicellées ou sessiles.

VII. SÉRIE DES APONOGETON.

Les *Aponogeton*[3] (fig. 185-188) ont des fleurs hermaphrodites ou polygames et probablement nues. Elles consistent en un petit groupe de carpelles indépendants, entouré d'un nombre très variable d'étamines hypogynes. Celles-ci ont chacune un filet libre, atténué au sommet, et une anthère basifixe, subdidyme ou subtétragone, à deux loges qui s'ouvrent en long par des fentes latérales. Les carpelles, dont le nombre varie de deux ou trois à six ou huit, sont formés d'un ovaire uniloculaire, surmonté d'un style plus ou moins long, parcouru par un sillon interne, et stigmatifère soit en haut sur les bords de ce sillon, soit sur une extrémité obliquement dilatée. Dans chaque

---

1. Il a double tégument.
2. A. BRAUN, *Revis. g. Naias,* in *Seem. Journ.,* II (1864), 274; in *Sitz. d. Ges. naturf. Fr. Berl.* (1868), 47. — BAILEY, in *Journ. Bot.,* XXII. — B. JÖNSS., in *Lunds Univ. Arsskr.,* XX. — BALB. et NOCC., *Fl. ticin.,* II, t. 15 (*Caulinia*). — THEDEN., in *Flora* (1840), 305, t. 5. — DEL., *Fl. Eg.,* t. 50. — GRIFF., *Ic. pl. as.,* t. 251-254. — HOOK., *Fl. bor.-amer.,* t. 184. — A. GRAY, *Man.,* ed. VI, 565. — HEMSL., *Bot. centr.-amer.,* III, 442. — BOISS., *Fl. or.,* V, 27. — BAIL., in *Trim. Journ.* (1884), 305. — GREN. et GODR., *Fl. de Fr.,* III, 322.

3. L. F., *Suppl.* (1781), 32. — THUNB., *Diss.,* I, 73, t. 4. — J., *Gen.,* 19. — SPACH., *Suit. à Buff.,* XI, 8. — SPRENG., *Syst.,* II, 405. — ENDL., *Gen.,* n. 1827. — A. JUSS., in *Ann. sc. nat.,* sér. 2, XI, 345. — PL., in *Ann. sc. nat.,* sér. 3, I, 107, t. 9. — B. H., *Gen.,* III, 1013, n. 5. — DUT., in *Bull. Ass. fr. av. sc.,* VIII, 707, t. 8, 9. — ENGL., in *Bot. Jahrb.,* VIII, 261, t. 6; *Pflanzenfam.,* Lief. 26, p. 218, fig. 166-169. — *Spathium* EDGEW., in *Journ. As. Soc. Beng.* (1842), 145, c. ic.; in *Calc. Journ. Nat. Hist.,* III, 533, t. 15, 16 (non LOUR.).

ovaire on observe, vers la suture ventrale, deux séries verticales
d'ovules ascendants, plus ou moins complètement anatropes et à
micropyle tourné en bas et en dehors. Il y a un ou plusieurs de ces
ovules superposés dans chaque série[1]. Le fruit est formé de quelques
carpelles de forme variable, obtus ou apiculés, qui s'ouvrent en
dedans et renferment une ou plusieurs graines. Celles-ci sont ascen-

Aponogeton distachyum.

Fig. 185. Inflorescence.

Fig. 186. Fleurs.

Fig. 187. Gynécée
ouvert.

Fig. 188. Graine, coupe
longitudinale.

dantes, à enveloppe charnue ou membraneuse, avec un embryon
droit, subhomogène ou à gemmule polyphylle.

Les *Ouvirandra*[2] sont des *Aponogeton* dans lesquels le paren-
chyme foliaire fait défaut sur les nervures; de sorte que les feuilles
sont finement et élégamment fenêtrées.

Il y a dans le genre une vingtaine d'espèces[3], de l'Asie tropicale,
de l'Australie et de l'Afrique. Celles de la section *Ouvirandra* abondent
à Madagascar. Ce sont toutes des herbes submergées, à rhizome tubéreux, parfois stolonifère, à racines adventives multiples. Leurs
feuilles, dressées ou nageantes, oblongues ou linéaires, sont alternes
et longuement pétiolées. Leurs fleurs sont disposées en épis solitaires

1. A double tégument.

2. Dup.-Th., *Gen. nov. madag.*, 2. — Endl.,
Gen., n. 1664[2]. — *Hydrogeton* Pers., *Syn.*, I,
400.

3. Sreng, *Anleit.*, II, I, 123. — Schult.,
Syst., VII, 1591. — Roxb., *Pl. corom.*, t. 81.
— Edgew., in *Hook. Lond. Journ.*, III, t. 17;
18 (*Ouvirandra*). — Bak., in *Trans. Linn. Soc.*,
XXIX, 158; in *Journ. Linn. Soc.*, XVIII, 279.
— Benth., *Fl. austral.*, VII, 188. — *Bot.
Mag.*, t. 1268, 1293; 4894, 5076 (*Ouvirandra*),
6399. — Oliv., in *Hook. Icon.*, t. 1470, 1471.
— Reg., *Gartenfl.*, t. 387 (*Ouvirandra*). — *Fl.
serr.*, t. 1107, 1108, 1421, 1422 (*Ouvirandra*).
— *Ill. hort.*, t. 300 (*Ouvirandra*). — *Bull. Soc.
tosc. ort.* (1867), t. 14 (*Ouvirandra*).

ou géminés, à longue hampe souvent bifurquée au sommet, renfermées d'abord dans des bractées formant spathe. Chaque fleur est sessile, intérieure par rapport à une bractée latérale, colorée[1], que peuvent accompagner une ou deux bractéoles également pétaloïdes. Ces fleurs sont distiques ou plus rarement polystiques.

VIII. SÉRIE DES POSIDONIA.

Les fleurs des *Posidonia*[2] (fig. 189, 190) sont hermaphrodites et régulières, ou polygames. Leur réceptacle[3] convexe porte quatre étamines hypogynes, qui ont de grandes anthères sessiles, à deux loges parallèles, extrorses, déhiscentes par des fentes longitudinales[4], et surmontées d'une lame triangulaire et aiguë, prolongement du connectif. L'ovaire supère, ovoïde et atténué en un court style, bientôt divisé en un grand nombre de papilles inégales, subulées et plus ou moins divergentes, est uniloculaire, avec un seul ovule attaché à la paroi par une assez grande étendue de son bord interne. Son micropyle obtus est inférieur, et son extrémité supérieure est aiguë. Le fruit ovoïde est charnu, analogue à une olive. Il renferme une graine fixée d'un côté au péricarpe par un large hile ellipsoïde, à gros embryon

Posidonia oceanica.

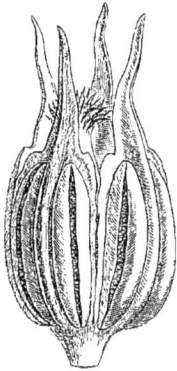

Fig. 189. Fleur.

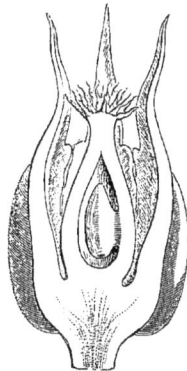

Fig. 190. Fleur, coupe longitudinale.

---

1. En blanc ou en rose violacé.
2. Kœn., *Ann. bot.*, II, 95, t. 6 (1806). — Endl., *Gen.*, n. 1660. — K., *Enum.*, III, 221. — Turp., in *Dict. sc. nat.*, Atl., t. 37. — Ad. Br. et Gr., in *Bull. Soc. bot. Fr.*, VII, 472. — Germ. de S. Pierre, *ibid.*, IV, 577; VII, 474. — J. Gay, *ibid.*, VII, 453. — Ascherens., in *Linnæa*, XXXV, 170; in *N. Giorn. bot. ital.*, I, 185; in *Anl. Wiss. Berb. Reis.* (1888), 205; *Pflanzen-fam.*, Lief. 26, p. 205, fig. 159. — B. H., *Gen.*, III, 1015, n. 8. — *Kernera* W., *Spec.*, IV, 947. —

Tænidium Targ.-Tozz., *Cat. veg. mar.*, 80, t. 1. — *Caulinia* DC., *Fl. fr.*, III, 156 (non W.). — Ten., in *Mem. Ac. sc. nap.* (1838), V, c. tab. — Turp., in *Dict. sc. nat.*, Atl., t. 37. (Le nom générique *Alga* Ludw., qui date de 1737, ne saurait, il nous semble, malgré l'avis de M. O. Kuntze (*Rev.*, 743), être ici avec avantage employé génériquement).

3. Les sépales, qu'on a attribués à l'espèce australienne, dépendent de l'androcée.

4. Le pollen est confervoïde.

conforme, charnu, macropode, qui s'atténue à son extrémité en une gemmule à six-huit folioles distiques. On distingue deux *Posidonia* marins : l'un de la Méditerranée; l'autre des côtes australiennes[2]. Ce sont des herbes vivaces, submergées, à rhizome épais et rampant, plus ou moins ramifié et chargé de débris fibreux et comme lacérés des feuilles anciennes. Ses branches sont noueuses. Les feuilles distiques, imbriquées, rapprochées au sommet des rameaux, sont linéaires-allongées, obtuses, entières ou serrulées, pourvues de nervures longitudinales et de veines transversales. Leur base se dilate en une gaine à bords étroitement réfléchis. Les fleurs sont alternes sur l'axe d'épis axillaires et terminaux, souvent assez nombreux, dont la hampe dressée, rigide, étroite, comprimée, est entourée à sa base par des feuilles réduites et vaginiformes.

Posidonia oceanica[1].

Fig. 191-193. Embryon et germination.

Une ou quelques-unes des fleurs supérieures sont assez souvent, dans notre espèce méditerranéenne, dépourvues de gynécée.

IX. SÉRIE DES ZOSTÈRES.

Les Zostères[3] (fig. 194-202) ont des fleurs monoïques, appliquées suivant deux séries verticales, sur une face d'une sorte de spadice dans lequel on trouve ou les deux sexes réunis, ou un seul. Il n'y a pas de périanthe, et l'androcée est représenté par des groupes de deux

1. Figure du mémoire de A. DE JUSSIEU (in *Ann. sc. nat.*, sér. 2, XI, t. 17, fig. 15).

2. L., *Mantiss.*, 123 (*Zostera*). — CAVOL., *Zost. ocean. Anth.* (1792). — REICHB., *Ic. Fl. germ.*, VIII, t. 5. — GREN. et GODR., *Fl. de Fr.*, III, 323. — GREN., in *Bull. Soc. bot. Fr.*, VII (1860), 362. — BENTH., *Fl. austral.*, VII, 175.

3. *Zostera* L., *Amœn.*, I (ed. 1749), 138; *Gen.*, ed. VI, n. 1032. — J., *Gen.*, 24. — GÆRTN., *Fruct.*, I, t. 19. — TURP., in *Dict. sc. nat.*,

Atl., t. 4. — NEES, *Gen. Fl. germ., Monoc.*, III, n. 43. — MIRB., in *Ann. Mus.*, XVI, t. 19. — ENDL., *Gen.*, n. 1659. — GROENL., in *Bot. Zeit.* (1851), 183, t. 4. — HOFMEIST., in *Bot. Zeit.* (1852), 121, t. 3. — ASCHERS., in *Linnœa*, XXXV, 165; in *N. Giorn. bot. ital.*, II, 162; *Pflanzenfam., Lief.* 26, p. 201, fig. 155, 156. — SCHNIZL., *Iconogr.*, t. 71. — LANESS., in *C. rend. Ass. fr. av. sc.*, IV, 690, t. 6, 7. — B. H., *Gen.*, III, 1017, n. 13. — *Alga* LAMK, *Fl. fr.*, ed. 1, III, 539 (non T., non LUDW.).

loges d'anthère, parallèles, unies entre elles en dehors par une saillie arquée, à concavité intérieure[1]. Chaque loge s'ouvre en dedans par une fente longitudinale[2]. Le gynécée, formé d'un seul carpelle, a un ovaire uniloculaire, libre, qui s'attache par son bord ventral, plus haut que le milieu de sa hauteur sur l'axe de l'inflorescence, et est surmonté d'un style unique d'abord, puis partagé en deux branches stigmatiques subulées. Au niveau du point d'insertion de l'ovaire

Zostera marina.

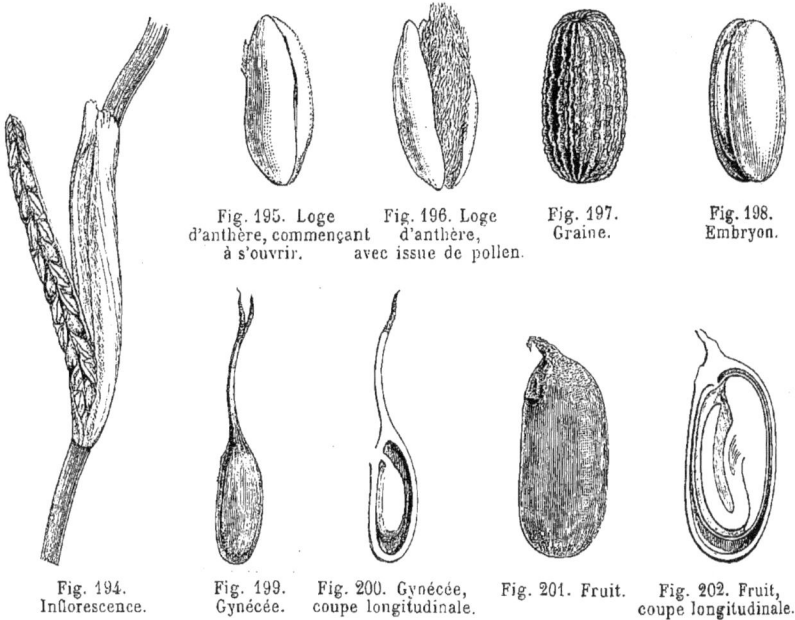

Fig. 195. Loge d'anthère, commençant à s'ouvrir.

Fig. 196. Loge d'anthère, avec issue de pollen.

Fig. 197. Graine.

Fig. 198. Embryon.

Fig. 194. Inflorescence.

Fig. 199. Gynécée.

Fig. 200. Gynécée, coupe longitudinale.

Fig. 201. Fruit.

Fig. 202. Fruit, coupe longitudinale.

s'attache, dans son intérieur, un seul ovule descendant et presque complètement orthotrope; le micropyle dirigé en bas[3]. Le fruit, descendant comme l'ovaire, lagéniforme, membraneux, se rompt irrégulièrement à sa maturité. Il renferme une graine descendante, ovoïde ou oblongue, membraneuse ou coriace et striée à sa surface, avec un gros embryon charnu, creusé en avant d'un large et profond sillon,

---

1. Représentant probablement un connectif qui unit en haut les deux loges d'une même anthère. Plusieurs auteurs admettent cependant deux étamines à anthère uniloculaire.
2. Le pollen est confervoïde. Il se développe d'une façon curieuse, par la séparation de ba-

guettes d'abord unies entre elles, longitudinalement. Sur son mode d'action dans la fécondation, voy. CLAVAUD, in *Act. Soc. Linn. Bord.*, XXXII. — H. JENSEN, in *Kjob. Bot. Tijdsckr.* (1889), et *Bull. Soc. bot. Fr.*, XX, 162.
3. Le tégument est double.

avec son extrémité cotylédonaire se dégageant du milieu du sillon
sous forme d'un col aigu, replié en S sur lui-même et portant vers le
milieu de sa convexité supérieure la fente cotylédonaire au fond de
laquelle se trouve la gemmule.

On distingue quatre espèces[1] de ce genre. Ce sont des herbes des
mers tempérées de l'ancien monde, submergées, vivaces, à rhizome
grêle, rampant et produisant au niveau de ses nœuds des racines
adventives. Les branches sont simples ou ramifiées, intriquées, char-
gées de feuilles distiques, linéaires et étroites, graminiformes, dilatées
à leur base en gaines stipuliformes et portant d'une à cinq nervures
longitudinales. Les fleurs sont portées sur un axe qui se termine par
une spathe allongée, analogue aux feuilles, et qui, plus bas, sur une
face aplatie et allongée, encadrée d'un rebord ou cadre saillant et
accompagnée en bas des stipules de la spathe, porte en avant les
deux séries verticales de fleurs dont il a été question. Sur certaines
inflorescences, les fleurs mâles avortent; et sur d'autres, ce sont
les femelles qui demeurent rudimentaires ou disparaissent même
totalement.

Les *Phyllospadix*, des mers de la côte occidentale de l'Amérique
du Nord, sont très voisins des Zostères; ils s'en distinguent surtout
par des fleurs dioïques, bisériées sur une des faces d'un spadice
comprimé, et par des fruits élargis et cordiformes.

Cette famille, telle qu'elle est limitée ci-dessus, mérite bien le
nom de famille par enchaînement. Elle ne ressemble en rien à celle
que B. DE JUSSIEU nomma *Naiades* en 1759[2], et qui renfermait bien
les *Naias*, mais avec eux six genres de Dicotylédones, la plupart
Onagrariées. A.-L. DE JUSSIEU[3] en étendit davantage les limites,
puisqu'il y plaça les *Saururus* et même les *Chara*, puis plus tard[4]
les *Lemna*. En 1837, ENDLICHER[5] lui accorda à peu près le cadre
que nous avons adopté, de même que la plupart de ses successeurs,
entre autres LINDLEY, qui créa en 1847 le nom de Najadacées[6].

1. K., *Enum.*, III, 115. — REICHB., *Ic. Fl.
germ.*, VII, t. 2-4. — EHRENB. et HEMPR., *Symb.*,
t. 5, 6. — S.-WATS., in *Proc. Amer. Acad.*, XXVI,
131. — A. GRAY, *Man.*, ed. VI, 565. — BOISS.,
Fl. or., V, 24. — LE GALL, *Fl. Morb.*, 572; in
Congr. sc. (1849), 149. — GREN. et GODR, *Fl.
de Fr.*, III, 325. — WALP., *Ann.*, VI, 1.
2. *Hort. Trian.*, Ord. 4.

3. *Gen.* (1789), 18, Ord. 6 (*Najades*).
4. In *Dict.*, XXXIV, 132 (1825).
5. *Gen.* (1837), 229 (*Fluvialium* Ord.).
6. *Veg. Kingd.*, 143, Ord. 40. — B. H., *Gen.*,
III, 1009, Ord. 145. — *Najadeœ* A. RICH., *Elém.*,
416. — BARTL., *Ord. nat.*, 71. — ENDL., *loc.
cit.* — SPACH, *Suit. à Buff.*, XII, 13 (*Helobiea-
rum* Fam.).

De nos jours, notamment après les travaux approfondis de P. As-
CHERSON[1] sur les Phanérogames marines, on a commencé à subdi-
viser l'ensemble en groupes secondaires, tels que les Potamogétona-
cées, les Najadacées proprement dites, les Aponogétonacées et les
Juncaginées. Nous ne considérerons pour le moment ces divers
groupes que comme des séries de l'ensemble ; de sorte qu'elles y
seront au nombre de neuf, avec 15 genres et environ 125 espèces.

I. TRIGLOCHINÉES[2]. — Fleurs hermaphrodites ou dioïques, à
périanthe 3-6-mère, 2-sérié. Étamines 6. Carpelles 3-6, uniovulés ou
pauciovulés, à ovules ascendants et anatropes. Graine à embryon
droit. — Herbes des marais, à feuilles junciformes, à fleurs avec ou
sans bractées. — 3 genres.

II. LILÆÉES. — Fleurs monoïques ou polygames, nues, monandres. Carpelle unique et uniovulé. — Herbe aquatique, à feuilles
linéaires-ligulées, à fleurs disposées en épis; les femelles souvent
basilaires et plus grandes. — 1 genre.

III. POTAMOGÉTONÉES[3]. — Fleurs hermaphrodites, en épis. Périanthe tétramère ou nul. Étamines 2-4. Carpelles 4, à ovule unique,
descendant. Fruit indéhiscent. Graine à embryon arqué. — Herbes
aquatiques, souvent submergées. — 2 genres.

IV. ZANNICHELLIÉES[4]. — Fleurs unisexuées, à périanthe très
réduit ou nul. Étamines à support grêle et allongé. Carpelles 2-10,
à ovule unique, orthotrope et descendant. Graine à embryon dont
l'extrémité cotylédonaire est apicale ou intra-apicale. — Herbes
aquatiques, submergées. — 2 genres.

V. PHUCAGROSTÉES[5]. — Fleurs unisexuées, nues. Étamines à
support allongé. Carpelles 2, à 1 ovule descendant et orthotrope.
Graine à embryon dont l'extrémité cotylédonaire est ascendante et
incombante au dos de l'embryon. — Herbes marines, submergées,
sympodiques, à fleurs faussement axillaires. — 2 genres.

VI. NAJADÉES[6]. — Fleurs unisexuées, à enveloppe simple ou

1. Phaner. Meergew., in Linnæa, XXXV, 152.
2. REICHB., Consp., 63.—DUMORT., An. fam.,
59. — Juncagineæ L.-C. RICH., An. fr. (1808);
in Mém. Mus., I, 365. — ENDL., Gen., 127
(Alismacearum Subord. 1). — B. H., Gen., III,
1010, Trib. 1. — Juncaginaceæ LINDL., Veg.
Kingd., 210, Ord. 66 (part.). — M. MICHELI, in
DC. Mon. Phaner., III (1881). — BUCHEN. et HIE-
RON., Pflanzenfam., Lief. 26, p. 222. — Potamo-
geteæ SALISB., in Hort. Trans., I, 267.
3. Potameæ LINK, Enum., I, 147. — B. H.,

Gen., III, 1011, Trib. 3. — Potamogetonaceæ-
Potamogetoneæ ASCHERS.; Pflanzenfam., 207.
4. K., Enum., III, 123.—B. H., Gen., III, 1101,
Trib. 5. — Zannichelliaceæ DUMORT., Anal. fam.,
59, 61. — Potamogetonaceæ - Zannichellieæ
ASCHERS., loc. cit., 213.
5. Cymodoceæ B. H., Gen., III, 1011, Trib. 8.
— Potamogetonaceæ - Cymodoceeæ ASCHERS.,
loc. cit., 210.
6. B. H., Gen., III, 1011, Trib. 8. — Naja-
daceæ MAGN., Pflanzenfam., p. 26 (Ord.). Pour

double (« involucre »)..Étamines 1, 2. Carpelle solitaire, à 1 ovule ascendant, subbasilaire, anatrope. Graine à embryon allongé. — Herbes submergées, à fleurs solitaires ou glomérulées. — 1 genre.

VII. APONOGÉTONÉES[1]. — Fleurs hermaphrodites ou polygames, apérianthées ou accompagnées d'une ou quelques folioles colorées. Étamines ∞, hypogynes. Carpelle 1-∞, à ovules 2-∞, ascendants ou subbasilaires. Fruits déhiscents. Graines souvent charnues, avec embryon à gemmule polyphylle. — Herbes vivaces, submergées, à inflorescence spiciforme, souvent bifurquée. — 1 genre.

VIII. POSIDONIÉES[2]. — Fleurs unisexuées ou polygames, nues. Étamines 2-4, hypogynes, à grosse anthère extrorse, 2-loculaire; le connectif apiculé et dilaté. Carpelles 1-ovulés. Ovule ascendant, plus ou moins incomplètement anatrope. Fruit charnu. Graine à embryon macropode. — Herbes marines, submergées. — 1 genre.

IX. ZOSTÉRÉES[3]. — Fleurs unisexuées, nues, groupées en spadice. Anthères sessiles, 2-loculaires. Carpelles solitaires, sessiles, attachés latéralement, à 1 ovule descendant, orthotrope. Graine à embryon dont l'extrémité cotylédonaire est atténuée. — Herbes marines, submergées, à feuilles étroites. — 2 genres.

Ces neuf séries comprennent des plantes à port tout particulier, qui habitent les eaux douces et salées du monde entier[4]. L'ensemble du groupe est voisin à la fois des Alismacées et des Typhacées, puis, par l'intermédiaire de ces dernières, des Aracées. Les Hydrocharidacées sont aussi fort analogues par le port qui tient à la station. Mais elles ont l'ovaire infère (comme peut-être, en réalité, certaines Najadées). Les Triglochinées ont même été quelquefois rapportées aux Alismacées. En général, les Najadacées représentent une forme réduite de ces dernières, sans corolle ou même sans périanthe, et avec une inflorescence[5] beaucoup moins compliquée. Le périanthe et le gynécée

---

plusieurs auteurs, notamment en Allemagne, les *Najas* ne seraient pas du même groupe naturel que les Potamots, Zostères, etc., et représenteraient plutôt un type très réduit des Hydrocharidacées. Il y aurait parmi eux des types à ovaire infère (les espèces à involucre simple de M. MAGNUS), et d'autres à ovaire libre (les espèces dites à involucre double). Ces plantes sont donc encore à étudier, notamment au point de vue organogénique.

1. B. H., *Gen.*, III, 1011, Trib. 2. — *Aponogetonaceæ* PL., in *Ann. sc. nat.*, sér. 3, I, 119 (*Alismacearum* Fam.). — ENGL., *Pflanzenfam.*, Lief. 26, p. 218 (Ord.).

2. K., *Enum.*, III, 120 (*Fluvialium* Trib.). — B. H., *Gen.*, III, 1011, Trib. 4. — *Potamogetonaceæ-Posidonieæ* ASCHERS., *Pflanzenfam.*, 205.

3. DUMORT., *Fl. belg.*, 163, B. — B. H., *Gen.*, III, 1011, Trib. 6. — *Potamogetonaceæ-Zostereæ* ASCHERS., *loc. cit.*, 201. — *Zosteraceæ* DUMORT., *Anal. fam.*, 65 (*Araviearum* Fam.). — LINDL., *Veg. Kingd.*, 145, Ord. 41 (part.).

4. ASCHERS., *Die geogr. Verbreit der Seegräser*, in *Anl. wiss. Beob. Reis.*, 191 (1888).

5. Dont la nature, fréquemment sympodiale, a ici été trop souvent méconnue; l'inflorescence ayant été dite à tort axillaire.

des *Typha* sont aussi beaucoup plus réduits; mais les *Sparganium* n'ont pas l'inflorescence en baguette des *Typha*, et la disposition de leurs carpelles nous rappelle beaucoup celle de certaines Najadacées. L'organisation histologique[1] de ces dernières, quoique présentant certains caractères communs qui tiennent au milieu habité, est forcément hétérogène dans un groupe peut-être trop artificiel et, en tout cas, constitué, nous l'avons dit, par enchaînement.

Les usages[2] de ces plantes sont peu nombreux. Le feuillage des *Potamogeton* est parfois répandu sur les terres comme engrais, notamment celui des *P. crispum* L. (fig. 157-161), *compressum* L., *lucens* L., *pectinatum* L., *perfoliatum* L., *pusillum* L., *densum* L. et *natans*[3]. Le *Triglochin palustre*[4] (fig. 145-150) fournit un bon pâturage salin, de même que le *P. maritimum*[5]. Le *Zostera marina*[6] (fig. 194-202) est très employé pour la confection de coussins, matelas, etc., qu'on considère comme hygiéniques. Feutrées par l'action du flot, ses feuilles constituent les pelotes dites Ægagropiles marines. La poudre de la plante torréfiée a été recommandée comme antiscrofuleuse. Le *Posidonia oceanica*[7] (fig. 189-193) sert, dans le midi de l'Europe, à nourrir le bétail, après qu'on l'a fait dessaler; il donne par incinération des sels de soude et des produits iodés. On en couvre les toits, on en calfate les navires et les digues, et on en fait une litière. On attribue au *Phucagrostis major* Cavol.[8] toutes les propriétés des Zostères. Les *Aponogeton distachyum* L.[9] (fig. 185-188) et *fenestrale*[10] ont une portion souterraine renflée, riche en fécule et comestible.

1. Connue surtout par les travaux de M. Sauvageau (voy. *Journ. Morot* (1889-91), réunis ensuite par l'auteur dans une thèse spéciale (1891). — (Voy. aussi Aschers., *Pflanzenfam.*, 196. — Magnus, *op. cit.*, 215. — Engl., *op. cit.*, 220).
2. Endl., *Enchirid.*, 125. — Lindl., *Veg. Kingd.*, 145, 210. — Rosenth., *Syn. plant. diaphor.*, 137.
3. L., *Spec.*, 182. — Gren. et Godr., *Fl. de Fr.*, III, 312. — *P. Plantago* Bast. (*Epi d'eau, Langue de chien, Herbe à la perchaude*). On dit ces plantes styptiques, et quelques-unes sont aussi usitées comme comestibles en Sibérie.
4. L., *Spec.*, 481. — Lamk, *Ill.*, t. 270, fig. 4. — Gren. et Godr., *Fl. de Fr.*, III, 309 (*Troscart des marais, Faux-Jonc*).
5. L., *Spec.*, 483. — Lamk, *loc. cit.*, fig. 2. — Gren. et Godr., *loc. cit.*, 310 (*Herbe sœlling*).

6. L., *Spec.*, 1374. — Lamk, *Ill.*, t. 737. — Gren. et Godr., *Fl. de Fr.*, III, 325. — *Phucagrostis minor* Cavol., in *Ann. Ust.*, X, 44, t. 2. — *Alga marina* Lamk, *Fl. fr.*, III, 539 (*Algue des verriers, A. marine, A. des vitriers*). Le *Z. nana* Roth sert aux mêmes usages.
7. *P. Caulini* Koen., in *Ann. Bot.*, 95, t. 6. — Gren. et Godr., *Fl. de Fr.*, III, 323. — *Zostera oceanica* L., *Mantiss.*, 123.
8. *Phuc. Theophr. Anthes.*, t. 1; in *Ust. N. Ann. Bot.*, fasc. V, 33, t. 3, 4 (1794). — Bornet, in *Ann. sc. nat.*, sér. 5, I, 1, t. 1-11. — *Cymodacea æquorea* Koen. — DC.
9. *Asperge du Cap.* Ses fleurs odorantes le font parfois cultiver dans les pièces d'eau.
10. *Ouvirandra fenestralis* Poir., *Dict.*, Suppl., IV, 237. — *Hydrogeton fenestrale* Pers., *Syn.*, I, 400. Cette plante est souvent cultivée dans les serres comme objet de haute curiosité

GENERA

I. TRIGLOCHINEÆ.

1. **Triglochin** L. — Flores hermaphroditi v. nunc polygami pauci; receptaculo convexo. Perianthii foliola 3, v. multo sæpius 6, 2-seriatim imbricata, herbacea concava, decidua; interiora 3 altius inserta. Stamina 6, hypogyna, v. interiora 3 obsoleta; antheris sessilibus, extrorsum 2-rimosis. Carpella 6, libera v. ex parte connata, 2-seriata, quorum interiora 3, sæpe ad laminas steriles reducta. Styli breves, apice stigmatoso papillosi v. plumosi. Ovulum 1, adscendens anatropum; micropyle extrorsum infera. Fructus obovoidei v. subcylindracei, liberi v. varie connati, angulati v. costati, apice recti v. recurvi, basi integri v. 2-calcarati, sicci v. subsucculenti, indehiscentes v. ventre dehiscentes. Semen erectum, ovoideo-oblongum v. cylindraceum; integumentis tenuibus; embryonis conformis gemmula paulo supra extremitatem radicularem sita; extremitate cotyledonari attenuata. — Herbæ scapigeræ; rhizomate tuberoso v. tenui; radicibus tenuibus v. nunc tuberosis; foliis elongatis, planis v. teretiusculis, nunc natantibus; floribus spicatis v. racemosis; pedicellis brevibus, ebracteatis et ebracteolatis. (*Reg. temp. et frigid. palud. dulces et salsæ.*) — *Vid. p.* 99.

2. **Scheuchzeria** L.[1] — Flores hermaphroditi; sepalis 3, oblongis acutis coriaceis, persistentibus. Petala 3, alterna, angustiora. Stamina 6, hypogyna; filamentis elongatis flaccidis; antheris linearielongatis basifixis apiculatis exsertis, extrorsum 2-rimosis. Germina

---

1. *Gen.*, ed. 1, n. 301; ed. VI, n. 452. — J., *Gen.*, 46. — RICH., in *Mém. Mus.*, 1 (1815), 365. — ENDL., *Gen.*, n. 1040. — NEES, *Gen.* *Pl. germ., Monoc.*, II, n. 24. — BUCHEN., in *Engl. Bot. Jahrb.*, II, 503; *Pflanzenfam., loc. cit.*, 225. — B. H., *Gen.*, III, 1012, n. 2.

3-6, basi vix connata compressa, 1-locularia; stylo brevissimo sub-
nullo oblique stigmatoso-papilloso extrorsumque spectante. Ovula in
singulis 2, collateraliter adscendentia; micropyle extrorsum infera,
v. nunc plura pauca. Fructus carpella sæpius 3, suborbicularia,
inflata divaricata, intus folliculatim dehiscentia. Semina in singulis 1,
2, adscendentia; integumento exteriore crasse coriaceo; interiore
autem membranaceo; embryonis conformis radicula infera; apice
cotyledonari obtuso; gemmula infra medium laterali. — Herbæ
junciformes paludosæ; rhizomate repente in caulem foliatum erecto
flexuosumve producto; foliis basilaribus semiteretibus, basi longe
vaginantibus, apice perviis; floribus in racemos (?) laxos dispositis paucis; pedicellis basi bracteatis; bracteis basi vaginantibus.
(*Europa, Asia et America bor. palud.*[1])

3. **Tetroncium** W.[2] — Flores (fere *Triglochinis*) diœci; perianthii
foliolis[3] 4, inæqualibus imbricatis. Stamina 4, opposita; antheris
subsessilibus late didymis; loculis 2, extrorsum rimosis. Floris
fœminei perianthii foliola 4, angustiora inæqualia. Gynæcei carpella 4; germinibus basi connatis stylis longe subulatis; ovulo in
loculis 1, erecto, anatropo; micropyle extrorsum infera. Fructus
deflexus subulato-elongatus, apice 4-cornutus; loculis incompletis
siccis; seminibus 1-4, erectis, clavatis obtuse 3-gonis; integumento
tenui; embryonis recti teretis extremitate cotyledonari attenuata. —
Herba paludosa junciformis glabra; rhizomate repente, in caulem
foliatum producto; foliis distichis equitantibus, anguste ensiformibus
acutis rigidis, basi membranaceo-vaginantibus; floribus spicatis
ebracteatis. (*Fuegia, Ins. Maclovianæ*[4].)

II. LILÆEÆ.

4. **Lilæa** H. B. — Flores trimorphi : masculi e stamine unico
constantes; fœminei e gynæceo; hermaphroditi e gynæceo cum
stamine antico fertili (v. nunc sterili?). Stamen erectum; filamento

1. Spec. 1. *S. palustris* L., *Spec.*, 482. —
Lamk, *Ill.*, t. 268. — Reichb., *Ic. Fl. germ.*, X,
t. 419. — Schkuhr, *Handb.*, t. 100. — Gren. et
Godr., *Fl. de Fr.*, III, 310.
2. In *Gen. Nat. Fr. Berl. Mag.*, II, 17. —
Endl., *Gen.*, n. 1038. — M. Micheli, *Juncag.*,

III, 110. — Buchen., in *Engl. Bot. Jahrb.*, II,
494; *Pflanzenfam.*, loc. cit., 225. — B. H.,
Gen., III, 1013, n. 3.
3. Coloratis, rufo-fusco maculatis.
4. Spec. 1. *T. magellanicum* W. — Hook.,
Icon., t. 534. — Hook. f., *Fl. antarct.*, II, t. 128.

brevi, nunc bracteæ adnato; anthera basifixa, 2-loculari, antice
2-rimosa. Germen liberum, 1-loculare; stylo brevi v. valde elongato,
deciduo, apice depresse capitato-stigmatoso. Ovulum 1, erectum;
micropyle infera. Fructus oblongi compressi costati striati indehiscentes; semine erecto; raphe extrorsa; embryonis subconici crassi
cotyledone oblonga; radicula infera brevi crassiore. — Herba annua
paludosa; foliis basilaribus (gramineis), basi dilatata vaginantibus
ligulatis; floribus aut basilaribus solitariis majoribus, aut spicatis;
aut omnibus in spica masculis, aut fœmineis inferioribus; interpo-
sitis hermaphroditis 1- ∞; omnibus 1-bracteatis. (*America bor. occid.
et merid. austr.*) — *Vid. p.* 101.

III. POTAMOGETONEÆ.

5. **Potamogeton** T. — Flores hermaphroditi regulares; receptaculo convexiusculo; perianthii foliolis 4, quorum lateralia 2, concavis
obtusis herbaceis, varie imbricatis. Stamina 4, opposita cumque
sepali ungue connata; filamento brevi v. 0; antheræ didymæ loculis
distinctis, extrorsum rimosis. Gynæcei carpella 4, alternistamina;
ermine singulorum sessili, 1-loculari; stylo crasso, apice varie dilatato, introrsum v. sub apice stigmatoso. Ovulum 1, e summo angulo
interno descendens suborthotropum; micropyle infera. Achænia 1-4,
primum sæpe subdrupacea; pericarpio demum membranaceo, spon-
gioso v. coriaceo, apice obtuso v. uncinato. Semen descendens,
arcuatum reniforme; embryonis macropodi extremitate cotyledonari
supera attenuata, arcuata v. involuta. — Herbæ aquaticæ; rhizomate
repente; ramis teretibus v. compressis, sæpe emersis natantibus;
stipulis intrafoliaceis ligulatis, aut liberis, aut folii basi adnatis;
floribus axillaribus emersis spicatis; pedunculo axillari, basi spatha
membranacea stipato; bracteis et bracteolis 0. (*Orbis utriusque loc.
aquat.*) — *Vid. p.* 102.

6. **Ruppia** L.[1] — Flores hermaphroditi nudi. Stamina 2 (?);
antherarum loculis reniformibus, connectivo disjunctis et extrorsum

1. *Gen.*, ed. I, n. 699; ed. VI, n. 175. — J., *Ann. Mus.*, XVI, t. 18. — L.-C. RICH., in *Ann.
Gen.*, 19. — LAMK, *Ill.*, t. 90. — GÆRTN., *Fruct.*, *Mus.*, XVII, t. 5. — ENDL., *Gen.*, n. 1661. —
II, t. 84. — NEES, *Gen. Fl. germ.*, *Monoc.*, B. H., *Gen.*, III, 1014, n. 7. — ASCHERS.,
III, n. 47. — K., *Syn.*, I, 135. — B.-MIRB., in *Pflanzenfam.*, *Lief.* 26, p. 210.

rimosis. Carpella 4, v. ultra; germinibus 1-locularibus, stigmate majore sessili v. umbilicato coronatis. Ovulum in singulis 1, descendens; micropyle extrorsum supera. Fructus carpella 4, v. pauciora, pedunculo elongato spiraliterque torto inserta, longe stipitata, oblique ovoidea, apice truncata, primum drupacea, indehiscentia. Seminis descendentis uncinati integumenta membranacea; embryonis macropodi extremitate cotyledonari attenuata inflexa; gemmula immersa.— Herbæ aquaticæ cæspitosæ, dichotome ramosæ; rhizomate gracili; ramis gracilibus foliosis; foliis oppositis et alternis, anguste linearibus, basi stipuliformi-vaginantibus; spicis (?) terminalibus paucifloris, vagina folii primum inclusis, demum valde elongatis; bracteis et bracteolis 0. (*Reg. temp. et calid. palud. sals.*[1])

IV. ZANNICHELLIEÆ.

7. Zannichellia L. — Flores monœci, masculi et fœminei vaginis inclusi, cæterum nudi. Stamen 1, sub flore fœmineo insertum; stipite plus minus elongato gracili; antherarum loculis 2, 3, linearibus apiculatis, rimis lateralibus dehiscentibus. Carpella 2-10, libera, oblongo-reniformia, in stylum brevem v. elongatum, apice stigmatoso dilatatum et oblique peltatum, attenuata. Ovulum e summo loculo descendens atropum; micropyla infera. Carpella matura ad 4, sessilia v. stipitata, compressa, dorso undulata v. crenata, stylo terminata. Semen descendens; integumento tenui; embryonis subcylindracei v. obclavati curvuli extremitate cotyledonari attenuata terque induplicata. — Herbæ submersæ tenerrimæ; rhizomate repente gracili nodoso; ramis ramosis intertextis capillaceis; foliis plerumque oppositis linearibus, basi vaginantibus; vagina stipuliformi; floribus spurie axillaribus sympodiali-terminalibus. (*Orbis totius palud. dulc. et sals.*) — *Vid. p.* 105.

8. Althenia Fr. Pet.[2] — Flores (fere *Zannichelliæ*) monœci; stamine 1, longe stipitato; loculis oblongis 1, 2, longitudinaliter

---

1. Spec. 2, 3. Griff., *Ic. pl. as.*, t. 257-259. — Dur., *Expl. Algér.*, t. 46. — Reichb., *Ic. bot.*, t. 174; *Ic. Fl. germ.*, VII, t. 17. — K., *Enum.*, III, 122. — Gren. et Godr., *Fl. de Fr.*, III, 324. — Walp., *Ann.*, I, 766.

2. In *Ann. sc. obs.*, I, 451, c. ic. — Endl., *Gen.*, n. 1663. — Prill., in *Ann. sc. nat.*, sér. 5, II, 169, t. 15, 16. — Duv.-Jouve, in *Bull. Soc. bot. Fr.*, XIX, 80, t. 5. — B. H., *Gen.*, III, 1016, n. 11. — Ascbers., *loc. cit.*, 213, fig. 164. — *Le-*

rimosis; valvis demum solutis. Carpella 3, libera, stipitata, in stylos
validos attenuata; apice late dilatato obliquo capitato. Ovulum 1,
atropum. Carpella matura compressa, margine incrassata v. alata,
stylo terminata; pericarpio coriaceo, haud v. tarde dehiscente. Semen
descendens compressum; embryonis recti oblongi extremitate cotyledonari attenuata spiraliter involuta; radiculari autem infera crassa.
— Herbæ submersæ tenerrimæ; rhizomate tenui repente articulato;
ramis cæspitosis capillaceis ramulosis; foliis ad nodos congestis
setaceis, basi vaginantibus; vagina in ligulam latam elongato-concavam
producta; foliis floralibus ad vaginas hyalinas reductis; flore masculo
ad basin pedicelli fœminei spurie axillaris et sympodiali-terminalis
solitario; cæteris *Zannichelliæ;* squamulis sub flore 3. (*Reg. Medit.
aquæ mort. sals., Australia*[1].)

V. PHUCAGROSTIDEÆ.

9. **Phucagrostis** CAVOL. — Flores monœci v. diœci nudi; marium
stipite elongato, apice antheras gerente 2, sessiles a dorso in corpus
oblongum connatas; loculis basi dorsoque liberis, extrorsum rimosis.
Floris fœminei carpella 2, distincte subsessilia v. stipite cylindrico
inserta, compressa v. tumida, ventre sulcata, apice in stylum tenuem
attenuata; stylis simplicibus v. 2-lobis, longe subulatis recurvis.
Ovula in germine solitaria, sub apice affixa descendentia orthotropa.
Fructus liberi, sessiles v. stipitati, oblique ovoidei, tumidi, compressi
v. marginati, coriacei v. carnosuli; pericarpio sæpe intus indurato.
Semen descendens, ovoideum, oblongum v. compressum; integumento crassiusculo; embryonis conformis extremitate cotyledonari
medio lateri sita, adscendente caudiformi, margini embryonis appli-
cita. — Herbæ submersæ; rhizomate repente rigido; nodis articulatis
et radicantibus; ramis simplicibus brevibus erectis v. elongatis
dichotomeque ramosis; foliis gramineis brevibus v. elongatis, ad
summos ramulos dense distiche imbricatis v. ad nodos fasciculatis,
basi vaginantibus; vagina membranaceo-stipuliformi, nunc in ligulam

pilœna DRUMM., ex HARV., in *Hook. Kew Journ.*, VII, 58. — B. H., *Gen.*, III, 1016, n. 12. — *Hexatheca* SOND., ex F. MUELL., *Fragm. phyt. Austral.*, VIII, 217.

1. Spec. 5. REICHB., *Iconogr. bot.*, t. 755. — MUT., *Fl. fr.*, III, 230, t. 63, fig. 473. — GREN. et GODR., *Fl. de Fr.*, III, 321. — BENTH., *Fl. austral.*, VII, 179.

brevem producta; floribus in axillis inferioribus solitariis v. in axibus foliosis spiciformibus insertis. (*Orbis vet. or. marit. trop. et subtrop.*) — *Vid. p.* 107.

10. **Diplanthera** Dup.-Th.[1] — Flores *Phucagrostidis;* styli ramis simplicibus. — Herbæ submersæ; rhizomate repente; cæteris *Phucagrostidis. (Malaisia, Madagascaria, Antillæ* [2].)

VI. NAJADEÆ.

11. **Najas** L. — Flores monœci v. diœci; marium perianthio duplici; exteriore tubuloso v. ventricoso sacciformi, integro et inæqui-fisso v. 4-dentato, nunc 4-fido; interiore autem tenuissime hyalino antheræ applicito. Stamen 1; anthera sessili, ovoidea v. oblonga, apiculata v. 2-cuspidata, 1-4-locellata; locellis longitudinaliter rimosis. Floris fœminei carpellum 1; germine 1-loculari, in stylum tubulosum, apice inæqui-subulato-2-4-lobum, attenuato. Ovulum 1, basilare anatropum; micropyle extrorsum infera. Fructus ovoideus v. oblongus, crustaceus v. subdrupaceus, indehiscens. Semen erectum conforme; embryonis recti crassi radicula crassa obtusa; extremitate cotyledonari acutiore; gemmula in fundo rimæ hiantis laterali. — Herbæ submersæ teneræ; rhizomate gracili repente; ramis sæpe ramosis gracilibus fragilibus, nunc molliter muricatis; foliis oppositis, verticillatis v. alternis linearibus, integris, serrulatis, dentatis v. sinuatis enerviis, basi breviter vaginantibus; floribus axillaribus solitariis v. glomerulatis, sessilibus v. pedicellatis; cymis 1-paris. (*Orbis utriusque reg. trop. et temp. aquæ dulces.*) — *Vid. p.* 108.

VII. APONOGETONEÆ.

12. **Aponogeton** Thunb. — Flores hermaphroditi v. polygami sub-nudi regulares. Stamina 6-∞, hypogyna; filamentis liberis inæqualibus

---

1. *Gen. nov. madag.*, 3. — Rœm., *Coll. bot.*, 196. — Steinh., in *Ann. sc. nat.*, sér. 2, IX, 98, t. 3 B. — Meissn., *Gen.*, 122 (88). — *Halodule* Endl., *Gen.*, n. 1662[1]. — Aschers., in *Linnæa*, XXXV, 163; *Pflanzenfam.*, loc. cit., 212. — B. H., *Gen.*, III, 1019 (*Halodula*).

2. Spec. 2. Miq., *Fl. ind. bat.*, III, 227. — Solms, in *Schweinf. Beitr. Fl. æthiop.*, 196.

apice attenuatis, persistentibus; antheris basifixis erectis subdidymis
v. subtetragonis, lateraliter 2-rimosis. Carpella 3-6, v. nunc 0,
libera; germinibus sessilibus in stylum brevem v. elongatum intus
sulcatum superneque stigmatosum v. oblique disciformem attenuatis.
Ovula 2-∞, sutura ventrali 2-seriatim inserta, adscendentia, incom-
plete anatropa; micropyle extrorsum infera. Fructus e carpellis 2-∞,
nunc stylo apiculatis, ventre dehiscentibus. Semina 1-∞, adscendentia, extus membranacea v. carnosa; embryonis recti, cylindracei
v. oblongi, gemmula crassa polyphylla, nunc tarde evoluta. — Herbæ
submersæ; rhizomate tuberoso vario, nunc stolonifero ; foliis longe
petiolatis, natantibus v. erectis; spicis simplicibus pedunculatis v.
2-cruribus, primum spatha inclusis; scapo hinc flores 1-laterales
v. 2-∞-stichos gerente; bracteis lateralibus (coloratis) sæpe amplis.
(*Asia, Oceania et Africa temp. et trop.*) — *Vid. p.* 110.

VIII. POSIDONIEÆ.

13. **Posidonia** Kœn. — Flores hermaphroditi. Stamina 3-5,
hypogyna; filamentis brevibus, lateraliter latis petaloideis; antheris
subsessilibus magnis, hastato-cordatis; loculis distinctis, basi dis-
cretis, extrorsum rimosis; connectivo ultra loculos producto ovato-
lanceolato. Germen sessile, apice in stylum brevem stigmatosum
inæqui-dentatum v. muricatum productum; ovulo 1, hemitropo,
margine loculi parieti adnato; micropyle extrorsum infera. Fructus
(oliviformis) crasse carnosus, nunc compressiusculus. Semen oblongum; embryonis crassi ventreque depressi extremitate cotyledonari
recta. — Herbæ submersæ; rhizomate crasso repente, foliorum vetus-
torum vestigiis fibrosis operto; ramis nodosis; foliis ad summos ramos
congestis distichis lineari-elongatis obtusis, integris v. serrulatis,
nervosis transverseque venosis, imbricatis; vaginis margine anguste
inflexis; inflorescentiis terminalibus et spurie axillaribus, e pedun-
culis pluribus strictis rigidis compressis spiciformibus; foliis abbreviatis basi vaginantibus; floribus alternis bracteatis; supremo nunc
masculo. (*Mediterranea, Australia marit.*) — *Vid. p.* 112.

IX. ZOSTEREÆ.

14. Zostera L. — Flores nudi, aut in inflorescentia eadem, aut in diversis monœci; masculorum anthera 1, in spadicem prona dorsifixa; loculis 2, antice rimosis, apice connectivo plus minus evoluto arcuato conjunctis; polline confervoideo. Floris fœminei carpellum 1, in spadicem pronum et supra medium puncto affixum; germine 1-loculari; stylo subulato brevi, apice 2-fido ; ramis gracilibus stigmatosis; ovulo 1, descendente atropo ; micropyle infera. Carpellum maturum lageniforme membranaceum descendens, demum inæquiruptum. Semen descendens; integumento membranaceo firmo striato. Embryo ellipsoideo-oblongus, hinc profunde sulcatus; extremitate cotyledonari e sulco medio erumpente longe sigmoideo-caudiformi. — Herbæ submersæ; rhizomate repente, ad nodos radicante; ramis simplicibus v. ramulosis foliosis; foliis distichis linearibus, 1-5-nerviis; vagina basilari stipuliformi, margine inflexa; floribus in spadicem lineari-foliiformem dispositis; marginibus nudis v. bracteis instructis; spadice primum in spatha elongata, apice foliiformi, incluso; floribus hinc in superficie 2-seriatim alternantibus et oblique oppositis; stylis intus spectantibus. (*Orb. vet. mar. temp.*) — *Vid. p.* 113.

15. Phyllospadix HOOK.[1] — Flores (fere *Zosteræ*) in spadicibus complanatis diœci secundi; fœmineorum carpello late ovoideo-cordato, a dorso compresso, basi intrusa inserto; stylo apice 2-fido; ovulo descendente orthotropo. Fructus late cordato-sagittatus, basi utrinque acute productus ; pericarpio coriaceo indehiscente. Semen descendens, obtuse rhomboideum ; embryone conformi, ventre obscure 2-lobo; extremitate cotyledonari inter lobos decurva linguiformi. — Herbæ submersæ; rhizomate tuberoso; ramis gracilibus elongatis simpliciusculis; foliis longe linearibus; vagina angusta, sursum in ligulam brevem producta; marginibus stipuliformibus; spadice lineari; marginibus bracteis imbricatis primum incumbentibus demumque patentibus onustis; spatha elongata, apice producta; floribus 2-seriatis; cæteris *Zosteræ*. (*America bor.-occid.*[2])

1. *Fl. bor.-amer.*, II, 171, t. 186. — ENDL., *Gen.*, n. 1659[1]. — RUPR., in *Mém. Acad. Pétersb.*, sér. 6, IX, II, 58. — B. H., *Gen.*, III, 1017, n. 14. — ASCHERS., *Pflanzenfam.*, Lief. 26, p. 204, fig. 157, 158.

2. Spec. 2. S.-WATS., *Bot. calif.*, II, 192.

CXVII

CENTROLÉPIDACÉES

I. SÉRIE DES CENTROLEPIS.

Les *Centrolepis*[1] (fig. 203-210) ont des fleurs généralement herma-phrodites, nues et sessiles. Chacune d'elles se compose d'une étamine hypogyne, à filet grêle, à anthère dorsifixe, uniloculaire, versatile, déhiscente en dedans par une fente longitudinale. Le gynécée est

Centrolepis Drummondi.

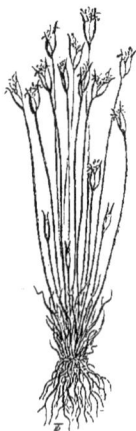

Fig. 206. Graine.

Fig. 203. Port. Fig. 204. Inflorescence. Fig. 205. Fleur. Fig. 207. Graine, coupe longitudinale.

formé d'un nombre variable (parfois un ou deux seulement) de car-pelles qui sont indépendants les uns des autres dans leur portion ovarienne et se disposent les uns au-dessus des autres sur un récep-

1. LABILL., *Pl. N.-Holl.*, I, 7, t. 1.— HEDW., *Gen.*, 51 (*Centrosepis*). — POIR., *Dict.*, VII, 388. — ROEM. et SCH., *Syst.*, I, VI, 43, n. 35. — DESVX, in *Ann. sc. nat.*, sér. 1, XIII, 42, t. 2. — ENDL., *Gen.*, n. 1006; *Iconogr.*, t. 49. — HIERON., *Centrolep.*, 95; *Pflanzenfam., Lief.* 11, p. 15, fig. 4 A-F; 5 C. — B. H., *Gen.*, III, 1026, n. 3. — *Desvauxia* R. BR., *Prodr.*, 252 (*Desvauxia*). — *Alepyrum* R. BR., *Prodr.*, 253. — ENDL., *Gen.*, n. 1005.

tacle linéaire où ils forment deux séries verticales et parallèles. Leurs
styles grêles s'unissent plus ou moins les uns aux autres pour former
une colonne commune[1] dans laquelle ils sont parfois tout à fait indé-

Centrolepis polygyna.

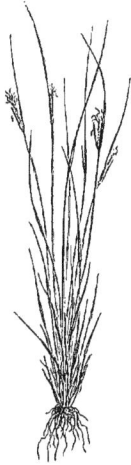

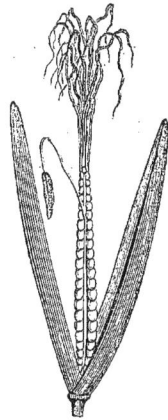

Fig. 208. Port.   Fig. 209. Fleur.   Fig. 210. Fleur, les bractées
écartées.

pendants les uns des autres ; et dans leur portion apicale et stigmatifère, grêle et simple, ils se séparent totalement. Près du sommet de

Aphelia cyperoides.

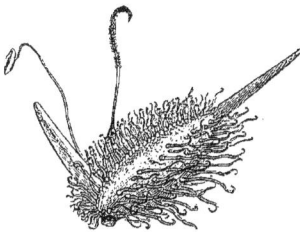
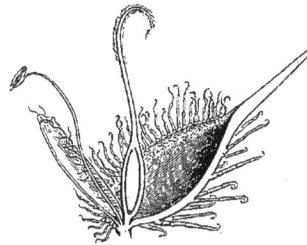

Fig. 211. Fleur.   Fig. 212. Fleur, coupe longitudinale.

la loge ovarienne s'insère un seul ovule, descendant et orthotrope.
Le fruit composé est formé de carpelles secs, disposés comme les

1. Rappelant un peu par leur mode d'agencement ce qui se voit dans le spadice des Zostérées.

ovaires, membraneux et déhiscents chacun en dehors par une fente longitudinale. Ils renferment chacun une graine descendante, dont les téguments recouvrent un albumen légèrement farineux, et un embryon qui occupe en bas l'extrémité opposée au hile. Sa masse charnue est obconique ou obovoïde.

On distingue une vingtaine de *Centrolepis*[1], la plupart australiens;

Aphelia (Brizula) Drummondi.

Fig. 213. Port.

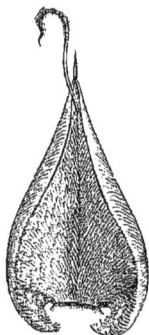

Fig. 214. Fleur femelle.

Fig. 215. Fleurs mâles.

Fig. 216. Carpelle déhiscent.

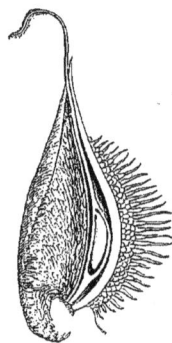

Fig. 217. Fleur femelle, coupe longitudinale.

un seul originaire du Cambodge. Ce sont des herbes annuelles, peu élevées, graminiformes, subacaules. Leurs feuilles basilaires sont nombreuses, rapprochées, linéaires, filiformes. Leurs fleurs sont aussi insérées sur des hampes basilaires, dont le sommet porte quelques

1. RUDGE, in *Trans. Linn. Soc.*, X, t. 12. — GUILLEM., *Ic. pl. austral.*, t. 47 (*Desvauxia*). — NEES, in *Pl. Preiss.*, II, 70 (*Desvauxia*). — GAUDICH., in *Freycin. Voy.*, 418 (*Desvauxia*). — ROEM. et SCH., *Syst.*, I, 43. — HOOK. F., *Fl. tasman.*, t. 138. — HANCE, in *Trim. Journ. Bot.* (1876), 14. — BENTH., *Fl. austral.*, VII, 202.

(généralement deux) bractées alternes, imbriquées et formant involucre, dont l'inférieure est ordinairement plus grande et acuminée.
Les fleurs sont solitaires ou disposées en cymes unipares dans l'aisselle
des bractées, et chacune d'elles est ordinairement accompagnée à sa
base d'une, deux ou trois petites écailles translucides.

Les *Aphelia* (fig. 211-217), voisins des *Centrolepis*, ont des épis
floraux aplatis et portent, à droite et à gauche, de nombreuses bractées distiques. Chacune d'elles a dans son aisselle une fleur; ou bien
les inférieures ont une petite cyme axillaire. L'ovaire uniloculaire est
surmonté d'un style simple. Ce sont des plantes australiennes.

II. SÉRIE DES GAIMARDIA.

Dans un *Gaimardia*[1] tel que le *G. australis* GAUDICH. (fig. 218-221),
prototype du genre, les fleurs sont hermaphrodites et régulières. Au-

Gaimardia australis.

  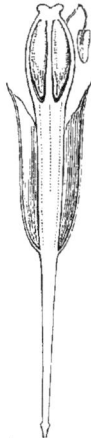 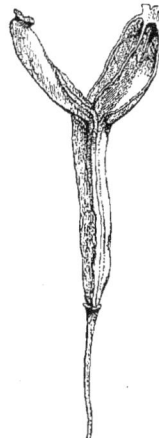

Fig. 218. Port.   Fig. 219. Fleur.   Fig. 220. Fleur, coupe   Fig. 221. Fruit
                                         longitudinale.   déhiscent.

dessus de deux bractées insérées plus haut l'une que l'autre, mais
en face l'une de l'autre, et imbriquées, le réceptacle forme un pied

1. GAUDICH., in *Freycin. Voy. Bonite, Bot.*, 418, t. 30. — DESVX., in *Ann. sc. nat.*, sér. 1, XIII, 41 (*Xyrideæ*). — ENDL., *Gen.*, n. 1007. — HIERON., *Centrol.*, 104; *Pflanzenfam., Lief.* 11, p. 16, fig. 4 G-J. — B. H., *Gen.*, III, 1026, n. 4. — H. BN, in *Bull. Soc. Linn. Par.*, 1021.

long et épais, presque cylindrique, qui supporte le gynécée. Au-dessous de celui-ci s'insèrent deux étamines, alternes avec les bractées et formées chacune d'un filet libre, récurvé, et d'une anthère dorsifixe, qui l'entraîne par son poids et s'ouvre suivant sa longueur. L'ovaire est à deux loges, alternes avec les étamines, surmonté d'un style à deux branches dont le sommet dilaté est chargé de papilles stigmatiques. Dans chacune d'elles descend du sommet un ovule orthotrope, à micropyle inférieur. Le fruit est capsulaire, bivalve et loculicide ; et les graines descendantes ont un albumen abondant et un embryon qui en occupe le sommet tourné en bas. C'est une petite herbe vivace, de la Nouvelle-Zélande et de l'Amérique antarctique. Elle est cespiteuse, très ramifiée, muscoïde, à nombreuses feuilles alternes, imbriquées, dilatées à la base. Les fleurs, longuement pédonculées, sont terminales, solitaires ou géminées.

Dans le *G. pallida*, type d'une section *Alepyria*[1], les fleurs sont en épillets courts, presque sessiles ; et leur ovaire sessile, à deux ou trois loges, est accompagné d'une ou deux étamines.

Il y a trois ou quatre *Gaimardia*, qui croissent dans les mêmes régions que le *G. australis*[2].

À côté de ce genre se placent les *Juncella*, qui sont australiens et ont l'ovaire également surmonté de deux ou trois styles, parfois d'un seul. Il n'a qu'une loge uniovulée ; et le fruit qui lui succède s'ouvre en deux ou trois panneaux, qui se séparent de bas en haut des angles filiformes du péricarpe.

Cette petite famille a été fondée en 1828 par DESVAUX[3], sous le nom de Centrolépidées. Elle ne comprend pour nous que quatre genres, avec une trentaine d'espèces, distribuées dans deux séries

I. CENTROLÉPIDÉES[4]. — Gynécée dialycarpellé, à ovaire uniloculaire et uniovulé. — 2 genres.

II. GAIMARDIÉES[5]. — Gynécée gamocarpellé, avec deux et, plus rarement, trois ou quatre loges à l'ovaire. — 2 genres.

---

1. H. BN, in *Bull. Soc. Linn. Par.*, 1022. — *Alepyrum* HIERON., *Centrolep.*, 103 ; *Pflanzenfam.*, *loc. cit.*, 16 (non R. BR.).

2. HOOK. F., *Fl. antarct.*, 1, 85 ; *Fl. N. Zel.*, 1, 268, t. 62 C (*Alepeyrum*) ; *Handb. N.-Zeal. Fl.*, 295.

3. In *Ann. sc. nat.*, sér. 1, XIII, 41 (*Centrolepideæ*). — ENDL., *Gen.*, 119, Ord. 44. — B. H., *Gen.*, III, 1025, Ord. 197. — *Desvauxiaceæ* LINDL., *Veg. Kingd.*, 120, Ord. 31. — *Desvauxieæ* LINDL., *Nix. pl.*, 23 (*Restiacearum* ♀). — *Centrolepidaceæ* HIERON., *Beitr. Kenntn. Centrolep.*, in *Abh. Naturf. Ges. Halle*, XII, 166, c. tab. 4 (1873) ; *Ub. Blüt. u. Blütenst. Centrolep.*, in *Engl. Bot. Jahrb.*, VII, 319 ; *Pflanzenfam.*, *Lief.* 11, p. 11.

4. *Haplantheræ* HIERON., *Pflanzenfam.*, 15, II (part.).

5. *Restiacearum gen.* GAUDICH. (1825). — *Diplantheræ* HIERON., *loc. cit.*, I.

La plupart de ces plantes sont australiennes. On en a cependant observé quelques-unes dans la Nouvelle-Zélande, l'Amérique antarctique, et même une dans l'Asie austro-orientale. Par les Gaimardiées, elles se rapprochent sans doute beaucoup des Restiacées, auxquelles le genre *Gaimardia* avait d'abord été rapporté. Mais il est en même temps, à ce qu'il semble, inséparable des *Centrolepis* qui représentent pour nous le type dialycarpellé des Graminées, avec insertion latérale du gynécée, comme dans les Zostérées, que nous considérons d'ailleurs comme le type marin des Graminées. Il n'y a pas de périanthe dans les Centrolépidées, et leur androcée est réduit à une étamine. Il peut y en avoir deux dans les Gaimardiées, mais elles ne sont pas disposées comme celles des Graminées. Le fruit des Centrolépidacées s'ouvre longitudinalement. On ne cite pas jusqu'ici d'usages de ces plantes.

GENERA

I. CENTROLEPIDEÆ.

1. **Centrolepis** LABILL. — Flores hermaphroditi sub bracteis singulis plures v. rarius 1, squamellis minimis hyalinis 1-3 stipati. Stamen 1; filamento gracili; anthera lineari-oblonga, 2-rimosa. Carpella 3-∞, v. rarius 1, 2, in floris cujusque receptaculo lineari lateraliter adnata, superposite 2-seriata; germine 1-loculari, 1-ovulato. Ovulum descendens orthotropum; micropyle infera. Styli tot quot germina, terminales, distincti v. basi connati, lineari-filiformes, apice indiviso stigmatosi. Fructus membranacei in receptaculo communi superpositi, extrorsum rimosi. Semen descendens v. axi lateraliter adnatum; integumento tenui; albumine subfarinaceo; embryone obovoideo v. conico parvo ad albuminis marginem ab hilo remoto. — Herbæ parvæ, plerumque annuæ; foliis basilaribus cæspitoso-confertis lineari-filiformibus; spiculis in scapo basilari tenui erectis v. basi recurvis; bracteis 2, arcte approximatis v. parum remotis; inferiore plerumque majore acuminata, nunc 0; bractea inferiore nunc sterili. (*Australia, Indo-China.*) — *Vid. p.* 127.

2. **Aphelia** R. BR.[1] — Flores (fere *Centrolepidis*) hermaphroditi[2] v. polygami[3], sub bracteis 1, v. sub inferioribus 2-∞; singuli squamellis minimis hyalinis 1, 2 stipati. Stamen 1; anthera oblonga v. lineari. Germen 1-loculare; stylo terminali lineari gracili, apice integro stigmatoso. Ovulum 1, fructus indehiscens et longitudinaliter rimosus, semen cæteraque *Centrolepidis*. — Herbæ annuæ parvæ;

---

1. *Prodr.*, 251. — DESVX, in *Ann. sc. nat.*, sér. 1, XIII, t. 2. — ENDL., *Gen.*, n. 1004. — B. H., *Gen.*, III, 1026, n. 2. — HIERON., *Centrolep.*, 94; *Pflanzenfam.*, 15, fig. 5, B. —

Brizula HIERON., *Centrolep.*, 92; *Pflanzenfam.*, 15.

2. Plerumque terminales.

3. Sub bracteis sæpius inferioribus masculi.

foliis basilaribus linearibus confertis; spiculis in scapo basilari tenui ovoideis v. lanceolatis; bracteis angustis complicatis, laxe v. arcte imbricatis, 2-stichis, patentibus. (*Australia, Tasmania*[1].)

II? GAIMARDIEÆ.

3. Gaimardia GAUDICH. — Flores hermaphroditi v. raro polygami regulares; receptaculo convexo. Bracteæ (?) sub flore 2, imbricatæ. Stamina 2, cum bracteis alternantia hypogyna, v. 1; filamentis tenuibus; antheris oblongis, 2-rimosis. Germen superum, nunc crasse stipitatum; loculis 2, cum staminibus alternantibus, v. rarius 1 v. 3; stylis 1-3, fere a basi papilloso-stigmatosis. Ovula in loculis 1, descendentia orthotropa; micropyle infera. Fructus sessilis v. crasse stipitatus, apice stylorum basi coronatus, loculicide 1-3-valvis. Semen descendens; albumine copioso farinoso; embryone apicali infero. — Herbæ perennes humiles dense cæspitoso-ramosæ foliosæ (submuscoideæ); foliis confertis linearibus v. setaceis, undique imbricatis; spiculis inter folia longe v. breviter pedunculatis. (*America antarct.*, *Nova Zelandia*.) — *Vid. p.* 130.

4. Juncella F. MUELL.[2] — Flores fere *Gaimardiæ*; stamine 1; filamento gracili; anthera oblonga, 2-rimosa. Germen compressum v. 3-quetrum, 1-loculare; ovulo 1, descendente atropo; stylis 2, 3, basi plus minus connatis. Fructus compressus v. 3-angulatus, a basi sursum in valvas 2, 3, ab angulis filiformibus solvendas, dehiscens; semine *Gaimardiæ*. — Herbæ annuæ nanæ; foliis basilaribus filiformibus cæspitoso-confertis; floribus in summo scapo basilari tenui depresso-capitatis, in receptaculo subplano sessilibus; bracteis 6-∞ angustis involucrantibus; genitalibus crebris dense confertis et irregulariter mixtis[3]. (*Australia, Tasmania*[4].)

1. Spec. 6. HOOK. F., *Fl. tasman.*, t. 138. — BENTH., *Fl. austral.*, VII, 199.
2. *Sec. gen. Rep.*, 16 (1854). — HIERON., *Pflanzenfam.*, 15. — H. BN, in *Bull. Soc. Linn. Par.*, 1023. — *Trithuria* HOOK. F., *Fl. tasm.*,

II, 78, t. 138. — B. H., *Gen.*, III, 1025, n. 1.
3. Genus *Restiaceas* et *Xyrideas* referens.
4. Spec. 2. BENTH., *Fl. austral.*, VII, 199. — HOOK. F., *Fl. antarct.*, 86 (*Gaimardia?*); *Fl. N. Zeal.*, I, 268, t. 62 C (*Alepyrum*).

www.ingramcontent.com/pod-product-compliance
Lightning Source LLC
Chambersburg PA
CBHW062003200326
41519CB00017B/4648